JN457705

근골격계 통증의 치유를 위한 재활 지침서

산업재해 환자의 이해와 치료

| 강종구 지음 |

학지사

머리말

근골격계 만성 통증은 근육계와 골격계인 근육이나 뼈 또는 관절 부위에 통증이 장기간 지속되는 것을 말한다. 즉, 목, 어깨, 허리, 무릎, 팔, 손목, 발목, 손가락 등과 같은 관절이나 이를 둘러싸고 있는 근육 부분에 통증이 있는 경우다. 만성 통증은 이론적으로는 학자에 따라 다양한 이견이 있을 수 있겠지만, 이 책에서는 여러 가지 이견을 늘어놓기보다는 단순하게 정리하였다.

그동안 근골격계 만성 통증 산업재해 환자를 대상으로 상담 및 치료를 하면서 환자나 관리자에게 도움이 될 만한 책을 권하고 싶어도 막상 환자의 입장에서 쉽게 읽을 수 있는 책을 찾을 수가 없어 아쉬움이 남았다. 이러한 상황에서 출간한 이 책은 그동안 통증 관련 이론을 섭렵하고 2,000여 명의 환자와 상담한 경험을 바탕으로 하여 쓴 것으로 산업재해 관련 환자들이 쉽게 읽고 도움을 얻을 수 있도록 구성하였다. 특히 환자의 입장에서 읽기 쉽게 전문 용어를 될 수 있는 한 줄이고 사례를 중심으로 서술하였다.

이 책의 많은 내용이 근골격계 통증으로 고통받고 있는 산재 환자를 중심으로 이루어져 있지만 산재 환자가 아니더라도 만성 통증으로 힘들어하는 모든 사람에게 적용될 수 있다. 이 책은 제시된 순서를 꼭 따를 필요 없이 차례를 보고 더 관심이 있는 내용을 먼저 읽어도 된다. 반복되는 내용은 강조를 위한 것이니 충분히 숙지하도록 하고, 이 책의 내용을 자기 것으로 소화한 후 자기 관리에 힘쓴다면 통증 완화 효과를 얻을 수 있을 것이다. 근골격계 환자가 이 글을 읽고 자기 마음을 가다듬어 하나하나 제시된 방법을 실행해 나감으로써 만성 통증에서 벗어나 건강한 삶을 살 수 있길 바란다.

끝으로 이 책의 출간을 맡아 주신 학지사 김진환 대표님과 책이 나오기까지 수고해 주신 관계자 여러분에게 감사드린다.

2009년 8월

저자 강종구

차례

8장 통증을 일으키는 현상과 대처 방법 • *199*

9장 산재 환자와 여러 가지 문제 • *215*

들어가는 글

도대체 어쩌란 말인가?

현대 의학은 급속도로 발전하고 있다. 단지 경험을 바탕으로 신체 내부를 머릿속으로 상상하면서 추측만으로 진단하여 약물을 처방하고 치료하던 시대는 지나갔다. 이제는 신체 내부를 사진으로 훤히 들여다보면서 문제를 진단하고, 나아가 최대한 부작용이 적은 약물을 처방하거나 수술치료를 하고 있다. 그럼에도 환자는 늘어만 가고 통증을 호소하는 사람이 많다.

환자는 정말로 이해하지 못하는 부분이 있다. 환자 자신은 아파 죽겠는데, 왜 의사는 아무 문제가 없다고 하는 것일까? MRI 상에는 특별히 문제가 없다고 하는데, 왜 그렇게 아픈 것일까? 똑같은 MRI 사진을 가지고 어떤 의사는 당장 수술을 해야 한다고 강한 경고를 주는데, 또 다른 의사는 지켜보자고 하는 것일까? 이럴 때 환자는 어떻게 해야 할지 당황할 수밖에 없다.

우리는 광고에서 '디스크 탈출, 수술 없이 100% 완치' '디스크 탈출, 통증 없이 완치' 등의 문구를 어렵지 않게 볼 수 있다. 환자들이 병을 완치해야겠다는 생각에 사로잡혀 이런 광고 문구에 귀가 솔깃해져 수백만 원을 지불했다는 얘기를 들으면 가슴이 아프고 안타깝다.

의사가 지은 책을 읽어 보면 의학은 발전했는데 아픈 사람은 많다든가, 현대 의학은 실패했다든가, 병원이나 의사가 병을 더 만든다든가 등의 내용이 심심찮게 나온다. 그리고 의사조차도 병원비 때문에 병원에 가기가 두렵다고 한다. 도대체 이런 얘기는 왜 나오는 것이며, 환자는 어떻게 해야 하는 것일까?

결국 문제는 인간은 살아가면서 질병에 걸릴 수밖에 없는데, 그때 환자는 올바르게 판단해서 지혜롭게 대처해야 한다는 것이다.

내 마음에 발동이 걸려야 한다!

요즘은 누구나 공부로 인생의 승부를 걸려고 한다. 정작 공부를 해야 하는 당사자는 그렇게 할 마음이 없는데, 제3자인 부모가 나서서 야단이다. 공부를 잘하는 사람과 공부를 잘하지 못하는 사람이 있다. 이러한 차이를 일으키는 이유는 여러 가지가 있지만 무엇보다도 중요한 것은 본인이 집중해서 스스로 공부를 열심히 하는 것과 그렇게 하지 않는 것에 있다.

부모가 아무리 공부를 열심히 하라고 하지만 본인이 공부할 의사가 없으면 공부를 잘할 수 없다. 부모는 비싼 학원비를 내주면서 학원에 가 공부를 하라고 한다. 하지만 학생은 공부를 하지 않고 딴생각을 하거나 성적 걱정만 하면서 시간을 보낸다. 그러므로 부모는 자녀가 공부를 잘하게 하려면 스스로 공부를 하도록 궁리해야 한다.

치료도 마찬가지다. 똑같은 병과 통증이라고 할지라도 병이 낫는 사람이 있는가 하면 낫지 않는 사람이 있다. 급성으로 생긴 병이라면 약물이나 주사 등으로 낫게 할 수 있지만, 만성인 경우에는 자기 문제가 개입되기 때문에 자기를 잘 알고 낫고자 하는 의지가 강하지 않으면 고칠 수 없다. 아무리 이름난 의사가 치료를 한다 할지라도 환자 본인이 적극적으로 노력하지 않으면 통증에서 벗어날 수 없다.

근골격계 만성 통증 치료는 복합적으로 치료해야 하며, 다양한 재활치료를 병행해야 한다. 재활치료를 효과적으로 하려면 환자 자신이 병이나 치료 원리에 대해서 알아야 한다. 자기 병에 대해서 알지 못하면 시행착오를 겪을 수밖에 없고, 치료 방법을 알지 못하면 자신감을 가질 수 없다. 환자는 교육을 받아야 하며 거기에 더해 환자 자신이 악착같이 하려는 동기가 있어야 한다.

의사를 비롯한 전문가들이 아무리 도와주려고 하여도, 설사 주변에서 부축까지 해 주려고 한다 해도 본인이 노력하지 않으면 재활치료는 할 수 없다. 자기 스스로 힘이 들더라도 땀을 흘리면서 직접 운동을 해야만 재활에 성공할 수 있다.

이 책을 통해 그동안 근골격계 만성 통증으로 고통받아 온 환자에게 만성 통증에 대한 교육을 제공하고 동기를 부여하고자 한다.

잘 지키면 빨리 회복할 수 있는데, 왜 그것이 안 될까?
그러면서 아파 죽겠다는 소리는 밥 먹듯이 하니 딱할 노릇이다.

1장 근골격계 만성 통증 치료의 십계명

산재 환자 여러분의 건투를 빕니다!

산재 환자는 비록 치료를 받고 있지만 현장에서 일을 하지 않아 나름대로 자기 시간을 많이 가진다. 그렇지만 심리적으로는 여러 가지 요인으로 인해 항시 압박감에서 벗어나지 못한다. 치료받는 동안에 다음의 규칙을 지키려고 노력해야 심리적으로 안정을 찾고 치료 효과도 높일 수 있다. 산재 치료 기간 동안 합리적인 통증 관리를 하지 못하면 신체적으로는 힘든 일을 하지 않더라도 심리적으로는 불안하고 부담스러워 고통스러운 나날을 보낼 수밖에 없다. 그러한 불행한 시간을 많이 보내다 보면 결국은 인생에서 힘들고 고통스러운 경험을 하게 되고 곧 후회하게 된다.

산재 환자가 다음 십계명을 받아들이고 잘 지키려고 노력한다면 분명 좋은 성과를 얻을 수 있을 것이다.

1

긍정적인 사고를 하시오

에너지의 원천이자 힘을 북돋워 주는, 모든 질병 치료의 핵심이다.

산재 환자는 부정적인 사고를 하기 쉽다. 부정적인 사고는 신체 활동력을 떨어뜨리고 필요 이상으로 몸과 마음을 긴장시켜 면역력을 약화시킨다. 이는 또 다른 질병에 걸리게 하는 등 질병 치료를 어렵게 만든다. 반면에 긍정적인 사고는 우리 몸의 활동을 증가시킬 뿐만 아니라 생활 자체를 적극적이고 즐겁게 하여 엔도르핀을 많이 분비하게 한다. 이 엔도르핀은 아편 성분으로 기분을 좋게 하고 활동력을 왕성하게 하며 통증을 줄이고 질병을 치유하게 한다.

부정적인 사고를 강하게 지닌 사람이 만성적인 질병이나 고통스러운 장애를 극복한 사례는 거의 찾아볼 수 없다. 반면에 고난과 장애를 극복한 사람들은 모두 긍정적인 사고의 소유자다. 장애를 극복한 사람은 처음에는 부정적인 사고 때문에 시련을 겪기도 하지만 점차 긍정적인 사고로 전환하면서 이를 극복한 경우가 대부분이다.

긍정적 사고만이 의욕적으로 해결책을 제시해 주며 부정적인 사고는 환자의 의욕을 저하시키고 불평과 불만을 일으켜 문제를 계속해서 꼬이게 만든다.

2

습관적으로 밤늦게까지 TV 시청이나 게임을 하지 마시오

사람을 무기력하게 하고 치료를 장기화시킨다.

산재 환자는 치료 기간이 길어지면서 무료하게 된다. 특히 만성 통증은 생명과 직접 연관이 없는 질병이기 때문에 그런 양상이 더 강하다. 처음에는 치료를 받기 위해 마음을 모질게 먹고 계획대로 실천하지만 시간이 경과할수록 결심했던 것이 서서히 약해진다.

산재 환자는 무료함을 달래기 위해 컴퓨터 게임을 하거나 TV를 시청하는 시간이 많아지는데, 이렇게 되면 무기력해지면서 치료를 적극적으로 하지 못한다. 정상적인 사람도 TV를 오랫동안 보면 정신이 멍해지면서 다음에 무엇을 해야 할지 갈피를 잡지 못하는 경우가 많은데, 하물며 치료 기간 동안 아침 일찍 출근해야 하는 심리적 압박감에서 벗어난 산재 환자는 말할 것도 없을 것이다. 왜 TV가 바보상자라는 말이 나오겠는가? 이렇게 많은 환자가 저녁 늦게까지 TV를 보거나 컴퓨터 게임을 하면서 시간을 보낸 후에, 아침에 늦게 일어나게 되면서 악순환을 겪게 된다.

아침에 일찍 일어나서 규칙적으로 운동을 하고 자기 관리를 하는 환자는 통증을 빨리 극복할 수 있다.

3

낮에 30분 이상 자지 마시오

불면증과 체중 증가 및 건강 악화의 지름길이다.

산재 환자는 병원에 있는 동안에는 무료함을 느끼고, 통원 치료를 하면서부터는 집에 있는 시간이 많아짐에 따라 자연히 자주 드러눕게 된다. 그러면서 낮잠을 자는 경우가 많다. 특히 점심을 먹고 난 후에는 식곤증이 오면서 졸리게 된다. 낮에 잠을 자면 자연히 저녁에는 잠을 제대로 잘 수 없게 되어 불면증이 생긴다. 아울러 활동량이 줄어들어 피로도가 떨어지고 체중이 증가한다. 저녁에 일찍 자지 못하면 많이 먹게 되어 체중이 또한 증가한다. 특히 병원에서 일찍 저녁을 먹은 후에 배가 고픈 상태에서 육식을 많이 하면 급격하게 살이

찐다. 산재 환자가 병원에 입원해 있는 동안 체중이 10kg 정도 증가하는 것은 순식간이고 예사다. 따라서 가능하면 눕지 않고 낮잠도 자지 않는 것이 좋다. 설사 낮잠을 자더라도 30분 이상은 절대 넘겨서는 안 된다.

산재 환자 대부분이 체중이 증가하고 배가 나오면서 움직이기 싫어하고 재활운동을 하는 데 어려움을 겪는다. 이것이 통증을 악화시키고 치료를 장기화시키는 요인 중 하나다.

4

통증을 완치한다는 생각을 하지 마시오

통증은 상태에 따라 생겼다 없어졌다 하니, 줄이다 보면 자연스럽게 느끼지 못한다.

근골격계 만성 통증 환자는 통증을 완치하려고 무척 애를 쓴다. 만성 통증은 완치시키는 것이 아니라 관리하는 것이며, 만성 통증은 장기간에 걸쳐 발생한 것이기 때문에 치료에도 많은 시간이 걸린다. 통증을 완치하려는 생각을 갖는 것은 잘못된 것으로 이런 생각을 갖는 것 자체가 그만큼 신경을 흥분시키는 것이기 때문에 부담스럽고 무리가 가기 쉽다.

완치에 대한 생각을 강하게 가지면 가질수록 나중에 절망감과 무기력에 빠지면서 치료가 장기화될 수 있으므로 자기가 세운 계획을 실천하고 노력하는 과정 속에서 점차 통증을 줄여 나가도록 노력해야 한다. 또한 통증이 줄어들었다가도 몸 상태가 좋지 않으면 다시 통증을 느낄 수 있다는 것을 알고 이에 대비해야 할 것이다.

만성 통증의 치료는 완치가 아니라 환자 자신이 단지 느끼지 못하게 할 뿐이다. 이 이치를 깨닫는 사람만이 통증에서 벗어날 수 있으므로 이 점을 마음속 깊이 새겨야 한다.

5

될 수 있는 한 정상적인 사회생활을 하시오

정상적인 사회활동을 해야 내 몸에 집착을 적게 하여 통증을 덜 느낄 수 있다.

통증은 내 몸에서 일어나는 통증 관련 신경들이 흥분하면서 발생하는 일련의 과정이다. 내 몸에서 일어나는 것을 가능하면 느끼지 못하게 하거나 무디게 하는 것이 통증 치료의 핵심이다. 통증이 내 몸에서 일어나는 것을 느끼지 못하려면 바쁘거나 즐겁게 생활해야 한다.

정상적인 사회생활을 하는 사람은 아파도 사회 활동을 한다. 이들은 사람들을 만나고 전화를 걸거나 웃고 즐기는 등의 활동을 한다. 몸이 약간 아파도 신경 쓸 일이 많이 생기면 몸의 통증에 대해서는 주의를 많이 기울이지 않게 된다. 사람은 신경을 쓸 수 있는 뇌 용량이 제한되어 있고 이렇게 여러 가지 일을 한꺼번에 하다 보면 자연히 통증 정보를 뇌가 처리하지 못하여 고통을 덜 느끼게 된다.

만성통증 환자는 비록 치료를 받고 있더라도 바빠야 한다. 하루 일과를 바쁘고 즐겁게 보내려면 집에 머무르는 시간을 줄이고 정기적으로 어디든 출퇴근 형식을 취하면서 다니는 것이 좋다. 또 여러 사람과 어울려 치료를 받으면 회복에 도움이 된다.

병원 생활은 가능하면 짧게 끝내고 정상적인 사회생활을 해야만 그만큼 통증에서 빨리 벗어날 수 있다. 통증치료는 이것만 깨달으면 치료가 거의 끝난 것인데 이것을 깨닫기까지가 힘들다.

"다른 사람과 어울려 생활해야 즐겁고 통증이 줄지."

6

통증을 느끼기 시작하면 빨리 몸을 움직이시오

통증은 자기가 좋아하거나 해야 할 일을 빨리 함으로써 줄일 수 있다.

산재 환자는 통증을 느끼기 시작하면 이제 또 죽었구나 하고 겁을 먹고는 통증 진행에 집착하면서 고통이 빨리 사라지기만을 기다린다.

그러는 동안에 통증과 관련한 여러 가지 부정적인 생각이나 감정, 경험이 떠오르면서 신경이 바짝 흥분된다. 그렇게 되면 신경이 불균형 상태에 있는 근육을 수축하거나 당겨서 통증을 더 심하게 일으킨다. 그리고 근육의 수축으로 혈관이 좁아져 혈액순환이 잘 이루어지지 않음으로써 신경에 영양분과 산소 공급이 줄어드는데 이는 신경을 더 흥분시켜 근육을 강하게 당기게 하면서 통증을 악화시킨다.

이와 같은 악순환 상태에서 벗어나려면 혈액순환을 원활하게 하여 신경에 영양분과 산소의 공급을 늘림으로써 신경이 근육을 당기고 수축시키는 것을 풀게 하여야 한다. 따라서 통증이 시잘될 때 환자는 체념하고 있을 것이 아니라 운동화를 신고 빨리 밖으로 나가 땀을 흘리는 운동을 하여야 한다. 이는 산소의 공급량을 늘려 주고 밖의 다양한 자극으로 주의를 분산시킴으로써 통증을 덜 느끼게 해 준다.

주의를 분산시키면서 통증에서 벗어날 수 있는 또 한 가지 방법은 자기가 평소 즐겨 하는 취미활동 등을 하는 것이다. 통증을 느끼기 시작하면 통증에 집착하지 말고 즐길 수 있는 취미활동을 하면 많은 도움이 된다.

통증으로 고통이 심하지만 자기 나름의 뾰족한 해결 방법이 없으면 밤이든 낮이든 신발을 신고 나가는 것이 최선의 방법이다.

7

운동은 여러 사람과 함께 가볍게 시작하고 점차 늘리면서 꾸준히 하시오

운동할 때 처음부터 과도하게 하면 부작용이나 후유증 문제가 생긴다.

재활운동은 부담이 없는 가벼운 수준에서부터 시작하여 점차 늘려나가면서 꾸준히 해야 한다. 그래야 부작용이나 후유증을 줄일 수 있으며, 특히 수술을 한 경우에는 반드시 이 원칙을 지켜야 한다. 현재의 신체 상태를 생각하지 않고 아프기 전의 몸 상태만을 고려하여 무리하게 운동을 하면 오히려 근골격계를 약화시키거나 손상시킬 수 있다.

그리고 운동은 혼자서 하는 것보다 여럿이 하는 것이 싫증을 줄이고 중도에 포기하는 것을 막을 수 있다. 운동을 하다 보면 힘이 들고 넘어야 할 단계가 있는데, 이 단계를 넘기 위해서는 혼자서 하는 것보다는 같이 어울려서 하는 것이 훨씬 효과적이다.

치료를 빨리 끝내려는 것이 목표라면 혼자서 해도 되지만 근골격계 만성 통증은 오랫동안 치료를 해야 하는 만큼 여럿이 하는 것이 훨씬 더 효과적이다.

8

마음을 안정시키고 근육의 탄력성과 유연성을 증가시키시오

마음의 안정과 근육의 탄력성 및 유연성 증가를 위해
명상, 복식호흡, 반신욕, 등산, 걷기, 수영, 스트레칭 등을 규칙적으로 해야 한다.

근골격계 만성 통증 치료는 예민해진 신경의 안정, 근육의 탄력성 강화와 유연성의 증가를 목표로 해야 한다.

신경을 안정시키는 훈련에는 명상, 복식호흡, 요가, 반신욕 등이 있으며, 이 중 최소한 한 가지를 선택하여 실천해야 한다. 그리고 근육의 탄력성과 유연성을 높이는 훈련에는 걷기, 수영, 등산, 자전거 타기, 스트레칭, 슬링과 같은 것이 있으며, 이 중 자기가 즐겨 하는 것 한두 가지를 선택하여 실행하는 것이 중요하다.

신경을 안정시키는 것이든 근육의 탄력성과 유연성을 높이는 것이든 어느 하나에 초점을 맞추어서 집중적으로 훈련하여도 통증에서 어느 정도 벗어날 수 있지만 두 가지를 병행하면 더욱 효과적이다. 운동 중에는 특히 걷기와 수영 같은 운동이 가장 기본적이면서 부작용이 적다.

받아들이기 힘들겠지만 만성 통증에는 자기 내면의 심리적 문제나 스트레스가 포함되어 있다. 이것이 통증을 장기화시키므로 치료를 할 때는 자기를 잘 다스려야 한다.

9

민감하고 복잡한 문제는 빨리 정리하시오

계산은 머리를 복잡하게 하고 신경을 흥분시키며 치료를 장기화시킨다.

산재 환자는 다른 유형의 환자에 비해 계산할 것이 많고, 머리가 복잡하며 스트레스도 심하게 받는다. 이들은 대부분 산재를 신청할 때 부서 관리자와의 마찰, 산재승인 여부, 요양 중 급여 문제, 동료와의 관계, 수술 여부, 복직 문제, 복직 후 할 일 등에 대해 끊임없이 고민한다.

환자는 개인이 가지고 있는 민감하고 복잡한 문제를 지속적으로 생각하고 고민하면서 신경에 과부하를 일으킨다. 뇌신경이 과부하에 걸리면 근육의 과잉 수축으로 심한 통증이 계속되므로 치료에 전념하기가 힘들고 또 치료가 장기화될 수 있다. 따라서 주위의 여러 문제를 신속하게 정리한 후 마음의 안정을 찾아 치료에 전념함으로써 통증 완화 효과를 좀 더 빨리 보도록 해야 한다.

머리를 복잡하게 만드는 이해타산은 빨리 정리해야 한다. 그래야만 개운한 상태로 치료를 제대로 받고 병을 빨리 털고 회복할 수 있다.

10

통증 때문에 죽거나 장애자가 된다고 생각하지 마시오

통증을 느낄 때 겁을 먹거나 불안해하면 신경이 흥분되어 통증이 더 심해진다.

만성 통증으로 사람이 죽는 경우는 찾아보기 힘들며, 통증은 시간이 지나면 약해지기 마련이다. 신경흥분은 처음에 급격하게 증가했다가도 시간이 지나면서 점차 줄어드는데, 통증이 발생했을 때 더 이상 자극하지 않고 가만히 있거나 이완시키면 결국에는 사라진다.

또한 통증은 사람을 장애인으로 만들지 않는다. 다만 신경이 흥분하여 통증이 생길 때 겁을 먹고 신경을 더 흥분시키면 마비 증상이 올 수도 있다. 이때에도 겁을 먹지 말고 이완하도록 노력하면 통증은 점차 약해진다.

대학병원 교수도 근골격계 통증 환자가 신경이 마비되어 중태에 빠진 응급상황은 거의 경험해 보지 못했다고 하니 환자가 상상 속에서 지레 겁을 먹고 신경 마비를 걱정하지 않도록 한다.

겁이 통증을 더 심하게 한다. 심하게 겁을 먹으면 신경이 마비될 수도 있지만 그럴 확률은 매우 낮다.

통증을 빨리 극복하는 사람이 있고, 극복하지 못하는 사람이 있다.
극복하는 사람은 위 십계명을 깨닫고 생활 속에서 꾸준히 실천한다!!!

산재치료는 왜 그리 오랫동안 질질 끄는 것일까?
공단에서 관리를 제대로 하지 못하나, 회사에서 환자를 괴롭히나,
병원에서 치료를 잘하지 못하나, 환자 자신이 문제를 만드나?

2장 산재 관련 질병의 특징

1

산재 환자 vs 의료보험 환자 vs 자기비용부담 환자

이전부터 산재 환자의 치료와 관련하여 다음과 같은 말이 사람들 입에 자주 오르내린다. "허리 디스크 수술치료를 할 경우 보험 혜택 없이 자기비용부담으로 치료를 하면 3일, 의료보험으로 치료를 하면 3개월, 산재보험으로 치료를 하면 3년이 걸린다." 이는 환자의 종류에 따라, 환자의 심리상태에 따라, 환자를 둘러싼 주변 환경에 따라 치료 효과와 치료 기간이 달라진다는 말이다.

자기비용부담 환자는 가능하면 병원에 있는 시간을 줄이려고 한다. 이들은 입원 기간이 길어질수록 시간적, 경제적, 심리적인 부담이 커져 치료를 최대한 빨리 끝내고 퇴원하기를 바란다. 그리고 이들은 치료에 아주 적극적이다. 반면 의료보험 환자는 자기비용부담 환자보다 부담을 덜 느끼고 치료 기간이 더 긴 편이다. 산재 환자는 자기비용부담 환자뿐만 아니라 의료보험 환자보다도 심리적 · 경제적 부담이 적어 치료 기간 또한 장기화되는 경향이 있다.

산재 환자는 직장에서 업무에 종사하다가 다쳤기 때문에 치료가 업무의 연장선에 있고 따라서 완치될 때까지 충분히 치료를 받는 것이 당연하다고 생각한다. 이러한 점이 다양한 문제를 일으키는 원인이 되는데, 구체적인 내용은 다음과 같이 네 가지로 볼 수 있다.

첫째, 산재 환자는 치료를 받는 동안 근로복지공단에서 요양급여를 받는다. 요양급여는 기본적으로 환자의 직장에 따라 차이가 있다. 산재 치료를 받기 직전 환자의 3개월 평균 임금으로 급여가 결정되며, 급여의 기본은 현장에서 일할 때의 70% 수준이다. 그렇지만 산재 환자가 실제로 받는 급여 액수는 대기업과 중소기업에 따라 차이가 있으며, 대기업의 경우에는 많게는 평균 임금의 120% 수준까지 지급하기도 한다. 여기서 100%를 넘는 것은 사업주와 노동조합의 협의에 따라 산재 환자에게 부가적으로 지급되는 금액이 더해진데다 세금 부과 없이 산정되었기 때문이다.

산재 치료는 여러 가지 변수가 작용하기 때문에 단일한 변수로 적용하기는 어렵다. 그렇지만 임금과 관련해서 고려해 볼 때, 대기업에 다닌 산재 환자는 건강과 관련하여 돈을 많이 쓰기 때문에 주관적으로는 더 적게 받는다고 생각할 수 있지만, 대체로 일할 때에 비해 급여를 더 많이 받는다. 이런 점이 치료 효과와 기간에 부정적인 영향을 미칠 가능성이 높다.

둘째, 힘든 직장에서 일하다 보면 소극적인 태도를 취하면서 쉬고 싶은 마음이 들기 마련이다. 환자가 치료기간 초기에는 치료에 적극적일 수 있지만 시간이 경과할수록 소극적인 태도를 취하기가 쉽다. 치료가 진행됨에 따라 시간 여유가 있어 다양한 가사에 개입하거나, 치료받을 수 있는 기간이 보장되기 때문에 치료에 적극적이지 못할 수 있다. 이와 같은 치료에서의 소극적인 태도가 문제를 일으킬 수 있다.

셋째, 산재 환자는 업무와 관련한 상해로 법적으로 치료 기간을 보장받은 상태에서 치료를 받지만 직장 동료와 같이 생활하지 못한다. 이러한 점은 환자로 하여금 대인예민성, 소외감, 불안 및 우울과 같은 심리적으로 여러 가지 불안정한 요소를 일으킨다. 이런 상태에서는 의사가 처방했을 때 그 효과가 직접적으로 나타나지 않을 뿐만 아니라 재활치료에서도 긍정적인 결과를 보이기 어렵다. 아울러 환자는 원래 산재 치료 질병뿐만 아니라 다른 부수적인 질병을 유발시킬 가능성이 높다.

넷째, 산재 환자는 질병 자체가 업무 중에 발생한 문제이기 때문에 당연히 공식적인 절차를 밟아 치료를 받는다. 그렇지만 현실적으로 산재 치료를 받는 데는 여러 가지 측면에서 제한을 받는다. 특히 절차에서 여러 가지 인정이나 승인을 받아야 하기 때문에 시간이 오래 걸리는데, 그 승인까지의 기간이 짧게는 보름에서 길게는 6개월까지 걸리는 경우도 있으며, 공단의 관할 지역이나 시기에 따라 다르겠지만 보통 2개월가량 걸린다. 이런 점은 환자로 하여금 초기에 애를 태우게 하고 치료를 마음 편히 받지 못하게 함으로써 많은 부작용을 일으킨다. 이렇게 산재승인이라는 긴 절차가 치료 효과에 직간접적으로 영향을 미친다.

이러한 네 가지 요소가 복합적으로 작용하면서 산재 환자의 치료에 부정적인 영향을 미치는데, 이 점이 의료보험 환자와 자기비용부담 환자에 비해 산재 환자의 치료가 더디고 장기화되는 이유다.

대학병원에서 허리 디스크 고정술을 받고 입원 중이던 한 산재 환자는 같은 병실에 입원 중이던 자기비용부담 환자가 자신처럼 허리 디스크 고정술을 받은 후 얼마 지나지 않아 퇴원하려는 것을 보고 깜짝 놀랐다. 의사는 퇴원 시기가 이르다며 말렸지만, 환자는 막무가내로 퇴원하였다.

산재 환자는 자기비용부담 환자의 행동을 보고는 이해가 되지 않아 그 환자가 통원 치료를 하는 동안 상태가 어떠한지 알아보았다. 자기비용부담 환자는 조기 퇴원을 했음에도 특별한 문제가 없었고 통증도 심하게 느끼지 않았다.

반면에 산재 환자는 허리 디스크 고정술을 받은 직후에는 통증이 사라지고 개운했지만, 얼마 지나지 않아 통증이 거의 원래 수준으로 되돌아오면서 불안해지기 시작하였다. 의사는 병원에서 해 줄 것이 더 이상 없다며 퇴원을 권유하였고 환자는 썩 내키지 않았지만 어쩔 수 없이 퇴원하였다.

이 산재 환자는 수술받은 지 3년이 지난 후에도 가끔씩 통원 치료를 받았고, 통증은 수술하기 전보다는 좋아졌지만 여전히 지속되었다. 그러다 보니 환자는 수술이 잘못되었다고 판단하고는 의사를 불신하는 지경에까지 이르렀다.

2

산재 환자에게서 치료 효과가 잘 나타나지 않는 이유

우리나라의 4대 대형병원에서는 산재요양 지정병원을 신청하지 않는다. 여러 가지 이유가 있겠지만 그중 가장 큰 이유는 산재 환자는 기대한 만큼 치료 효과가 나지 않는다는 데 있다. 산재 환자는 자기 질병과 관련한 이런저런 생각으로 머릿속이 복잡하다. 산재 신청을 결정하기까지의 갈등, 사업주의 인정 여부, 공단의 산재 승인 여부, 수술 여부, 퇴원 후 자기 일을 계속할 수 있는지의 여부 등 산재 환자를 복잡하게 만드는 많은 문제가 있다.

의사의 보람은 환자를 치료했을 때 치료 효과가 기대한 만큼 나타나서 환자가 빨리 회복하여 퇴원하는 것이다. 그런데 산재 환자는 여러 가지 문제로 머리가 복잡하여 전혀 예상하지 못한 문제를 의사에게 종종 호소한다. 이런 점은 의사로 하여금 심리적 부담을 가지게 하여 의사의 진료를 힘들게 만들고 또 환자도 불만이 많아지면서 치료 효과에 부정적인 결과를 초래한다.

이렇게 산재 환자는 수술치료나 약물치료를 받을 경우, 치료 전후로 끊임없이 생기는 잡다한 생각 때문에 스트레스를 많이 받아 치료가 제대로 이루어지지 않는다.

3

근골격계 산재 환자와 나이롱환자

나이롱환자는 아프지 않거나 아픈 정도가 심하지 않음에도 치료를 오랫동안 받으면서 정상적인 사회생활이나 직장생활을 하지 않는 것을 말한다. 현장 관리자는 '근골격계 통증을 자주 호소하면서 산재치료를 받는 환자를 나이롱환자' 라고 종종 얘기하는데, 이들 소위 나이롱환자는 실제로 아팠다 아프지 않았다가 하면서 다른 사람에게서 마치 꾀병을 부리는 것으로 오해를 받는다.

근골격계 만성 통증 산재 환자는 상태가 좋지 않을 때는 심하게 아팠다가 상태가 좋을 때는 정상인처럼 말짱하여 아프지 않은 것처럼 보인다. 더욱이 환자 배우자나 가족도 이해하지 못할 정도로 증상이 불안정하고 다른 사람의 오해를 불러일으킬 만한 과잉 행동을 취하기도 한다. 환자는 길거리를 걸어가다가도 아는 사람을 보게 되면 자신이 아프다는 것을 강조하기 위하여 엉거주춤한 자세로 걷거나 일부러 절뚝거리면서 심하게 아픈 척 행동한다. 자신은 아픈데 다른 사람이 그것을 오해할까 봐 두려워 과도한 행동을 보이는 것이다.

이런 행동과 태도는 산재 환자에게서만 나타날 수 있는 복잡하고 특유한 심리적 문제에 기인한 것이다. 물론 교통사고 환자에게도 나이롱환자라는 명칭이 붙기도 하지만 이는 아프지도 않은데 아픈 척 하면서 보상금을 타 내기 위한 것인 만큼 산재 환자의 문제와는 구별된다.

4

산재 관련 질병 치료의 장기화

근골격계 산재 문제는 현장에서 일을 하다 제때에 치료를 받지 못하고 시기를 놓치면서 발생하는데, 특히 통증을 일으키는 문제는 한 번에 발생하기보다는 여러 번 누적되어 발생한다.

산재 환자가 통증을 최소한 3~6개월 이상 경험하면 만성 통증에 해당되고, 이는 신체적인 문제 외에 사회적, 환경적 또는 스트레스와 같은 심리적인 문제가 함께 영향을 미치면서 발생한다.

이러한 산업재해 환자의 치료가 장기화되는 원인을 다섯 가지 정도로 나누어 살펴보면 다음과 같다.

고령화

신체적인 문제로서 환자가 장기간 지속적으로 같은 일을 반복하다 보면 근골격계에 무리가 온다. 현재 대기업체 중공업 생산직 사원의 평균 연령이 40세 이상 되는 회사가 많은데, 이 정도 연령대는 대략 20여 년을 제조업에 종사해 온 것으로 볼 수 있다. 이 정도 되면 근골격계의 약화 및 노화는 물론 신경계, 혈관계통도 약해지기 마련이다. 이런 상태에서 문제가 발생하면 통증이 장기화될 가능성이 높아지고 생산 현장에서 일하는 근로자가 이미 쇠약해진 근골격계를 회복하는 데는 많은 어려움이 따른다.

특정 신체 부분이 쇠약해져 있는데 심하게 무리를 하거나 삐끗하여 다치면 회복이 더딜 수밖에 없다. 제일 좋은 대처방법은 문제가 발생하기 전에 꾸준히 운동을 하여 보충을 하는 것이지만 아침 일찍 출근해서 저녁 늦게 퇴근하는 생산직 근로자가 시간을 내서 따로 운동하기란 쉽지 않다.

장기적인 안목으로 자기관리를 위해 꾸준히 운동하거나 문제 발생 시 합리적인 조치하에 신속히 휴식과 함께 치료를 받는 것이 현재 근골격계 문제를 지닌 근로자가 취할 가장 기본적인 대처 방법이다.

심리적 불안정

개인이 지니고 있는 심리적인 문제로서 정서 및 사고방식과 관련이 있다.

앞에서 언급한 바와 같이 신체적인 조건에서의 문제는 무거운 물건을 들면서 허리를 삐끗하거나 목을 부딪혀 다쳤을 때 곧바로 충분한 치료를 받지 못하는 경우다. 치료가 지연되면 심리적으로 불안정해지고 통증이 지속되면서 서서히 문제가 누적된다.

처음에는 일을 해야 하는 상황이기 때문에 어쩔 수 없이 일을 하지만 통증이 지속되고 자기 몸에 대한 걱정과 염려가 생기면서 환자는 불안해진다. 환자는 제때에 치료를 받지 못한 것을 현장관리자의 탓으로 돌린다. 그러면서 처음에는 걱정이 앞서고 불안했던 마음이 점차 커지면서 불신과 분노가 싹튼다. 이런 부정적인 정서가 누적되면서 환자 마음속에는 치료를 받지 못하는 것에 대한 심리적 불안정이 강하게 작용한다.

이런 부정적인 기억은 시간이 지나면서 더 강하게 자리를 잡고 신경계를 통해 감정, 생각, 행동, 통증 등이 하나로 연결되어 나중에 지속적인 통증을 유발시킨다. 즉, 분노와 불신이 줄어들지 않으면 통증도 사라지지 않고 장기화된다.

문제 해결방법은 환자가 부상을 당해 신체적인 고통을 받고 있을 때는 환자로 하여금 빨리 치료를 받도록 하여 분노가 생기지 않도록 하는 것이다.

관리자의 이해

환자 개인을 둘러싸고 있는 환경요인으로서 이는 심리적 불안정 요인과 직간접적으로 관련이 많다. 환자에게 사고가 발생하였을 때 그 주변에 있는 동료나 현장 관리자가 어떻게 대처하느냐에 따라 상황은 크게 달라질 수 있다.

현장 관리자는 지금 당장 생산 문제가 중요한 만큼 환자의 치료에 신경을 거의 쓰지 못하거나 감정을 상하게 하는 무리한 말을 할 가능성이 높다. 그리고 산재 치료 과정에 있는 환자에게도 치료 경과에 관심을 보이기보다는 현장 참여나 복직과 관련하여 먼저 언급하여 환자의 마음을 상하게 할 수 있다. 마치 환자의 건강에는 관심이 없고 오로지 생산 참여에만 관심이 있는 것처럼 보여서는 안 된다. 실제로 현장 관리자의 마음은 그렇지 않더라도 환자는 산재 치료를 받지 않으면 손해라는 인식을 가진 상태이므로 관리자의 부정적인 말 한마디에도 쉽게 상처를 받는다.

일단 내가 하고 싶은 말을 전달하기보다는 상대방의 마음을 헤아리는 것이 우선되어야 할 것이며, 환자와 면담을 할 때 복직이나 일과 관련한 말을 먼저 하고 싶더라도 잠시 참았다가 분위기가 좋아지거나 말을 해도 될 상황이 되었을 때 해야 한다. 그렇게 하면 더 효율적으로 환자를 설득할 수 있다.

비효율적인 치료

환자와 현장 관리자는 통증에 대한 지식이 부족하고 주변 의료 기관에서도 만성 통증에 대해 다양하게 접근하지 못하고 있다. 통증은 급성과 만성에 따라 차이가 있는데, 만성적인 경우에는 신체 부위 그 자체에서 일차적으로 문제가 발생하지만, 이차적으로는 통증과 관련한 개인이 지니고 있는 정서와 사고가 강하게 영향을 미친다.

환자는 이를 잘 모르고 있고, 치료자는 여러 가지 제한적인 요건 때문에 신체 부위만 집중적으로 치료를 하고 있다. 아울러 현장 관리자는 적절한 관리 및 대처를 하지 못하고 있다.

이렇게 환자와 현장 관리자, 치료자의 통증에 대한 심리학적 이해 부족과 제한적인 치료가 요양을 장기화시키는 요인 중 하나인데, 중요한 것은 만성 통증은 단기간에 완치되는 병이 아니라는 것이다.

따라서 환자는 마음을 안정시켜 통증을 관리하고 치료자는 이를 도와주어야 한다. 마음이 안정되지 않은 상태에서 통증 그 자체에만 매달려 완치하려고 하면 통증 문제가 해결되지 않고 치료가 늦어진다. 환자는 현장에 복직하여 일을 하다 보면 다시 치료받기 힘들다는 생각을 갖게 되면서 치료 중일 때 통증을 완전히 없애겠다는 마음에 복직을 미루게 된다.

보상

제도적인 요인은 보상과 관련된 것이다. 요양 급여와 같은 환자에게 미치는 잠재적 · 실제적 보상 문제가 치료에 많은 영향을 미친다. 이 문제는 상당히 중요하고 민감한 치료 장기화의 주요 요인이다. 치료 중에 급여를 적게 받으면 어떻게 해서든지 치료에 적극적으로 임해 빨리 복직하려고 하겠지만 급여를 치료 전보다 더 많이 받는다면 치료에 적극적으로 임하는 것이 어려워진다. 실제로 심리 상담에도 마음이나 사고 변화가 가장 기본인데, 보상 문제가 미묘하게 개입되면 환자의 적극적인 참여를 끌어내기가 힘들다. 따라서 요양급여와 관련한 합리적인 제도적 장치가 마련되어야 산재 치료의 장기화를 줄일 수 있을 것이다.

5

근골격계 산재 환자에게서 추가상병이 자주 발생하는 이유

요즘은 뜸하지만 얼마 전까지 만성 통증 산재 환자에게서 나타나는 두드러진 특징 중 하나가 추가상병이었다. 추가상병이란 한 가지 질병으로 산재보험 치료를 받고 있으면서, 다른 질병의 치료를 추가로 승인받는 것이다. 이것으로 인해 많은 환자가 장기 요양으로 가는 경향이 있다. 추가상병이 왜 일어나는가를 알아보고 준비를 하는 것이 장기 요양에 대비할 수 있는 한 방법이 될 것이다.

사람은 나이가 들어 청년기를 넘어서면 뇌와 신체가 쇠퇴한다. 정신적으로는 망각이나 기억력 저하가 뚜렷하게 나타나고 신체적으로도 여러 기관이나 조직이 쇠퇴 현상을 현저하게 나타낸다.

사무직에 종사하던 사람이 퇴직 후 뇌 활동이 줄어들면서 처음에는 우울증상을 보이다가 나중에는 뇌신경의 손상으로 치매 증상을 보이기도 한다. 마찬가지로 생산현장에서 노동을 주로 하던 사람이 신체적인 일을 하지 않으면 뼈와 근육, 다른 생리적인 체계가 약화되면서 관절 계통이나 근골격계에 장애를 보이는 경우가 많다.

처음에는 한 가지 병명으로 요양을 시작했던 산재 환자가 시간이 지나면서 추가상병을 승인받아 장기 요양으로 가는 경우에 대해 신체적인 조건과 심리적인 조건을 들어 설명하면 다음과 같다.

심리적 위축

먼저 심리적인 문제를 짚어 보면, 기본적으로 환자는 이전에 통증을 심하게 경험했고, 그 통증이 너무나도 고통스러워 또다시 경험할까 봐 두려움을 가진다. 환자는 통증 상태가 반복해서 발생하지 않도록 하기 위해 작업이나 활동 또는 운동을 하지 않거나 절대적으로 줄이는 회피행동을 보인다. 이러한 회피행동을 함으로써 환자는 심리적으로 더 위축되고 불안해지며, 적대감과 배신감 및 피해의식을 가지게 된다.

그리고 환자는 장기간 치료에도 통증이 사라지지 않음에 따라 무기력해지고 좌절감을 가지면서 의욕 저하와 기분이 침체되는 등 의우울 양상을 보인다. 이러한 우울과 같은 부정적인 기분 상태는 병원생활을 오래하면 할수록 더 심해진다.

환자가 병원생활을 오랫동안 하면, 부정적인 기분 상태가 생활 전반에 깔리면서 뇌에서 스트레스와 관련된 코르티솔이라는 호르몬이 분비된다. 이 물질은 몸에 면역기능을 떨어뜨리는 부정적인 기능을 일으켜 신체 질병을 악화시키거나 또 다른 질병을 더 쉽게 발병시키는 요인이 되기도 한다. 이러한 원리는 근골격계 환자가 아니더라도 장기간 병원 생활을 해 본 사람이라면 충분히 경험할 수 있는 내용이다.

신체활동 저조

다음은 신체적인 문제에 대해 알아보겠다. 환자는 통증이 있을 것을 미리 예견하고 두려움을 가지면서 신체활동을 줄이는데, 이는 우리 신체 내의 다양한 생리체계에 유해한 영향을 미친다.

환자는 통증으로 인해 활동을 하지 않음으로써 단기적으로는 손상받은 신체기관이 보호를 받기도 한다. 그렇지만 장기적으로는 적절한 활동이나 운동을 하지 않음으로써 그 기관이 수행해야 할 정상 기능이 점차 약해진다. 특히 병원생활이나 집에서만 오랫동안 있게 되면 활동력이 떨어지고 자연적으로 눕거나 침대에서 장시간 휴식을 취할 수밖에 없는 상태가 지속된다. 이렇게 되면 근골격계를 포함한 여러 신체기관이 급격하게 약해진다.

환자가 침대에 드러눕는 시간이 많아질 때, 1주당 1.54g 정도씩 뼈에 있는 칼슘이 몸에서 빠져나가 약 8개월이 지나면 전체 뼈 칼슘 질량의 24~40%가 손실된다(김청송, 1999) 이렇게 되면 자연적으로 몸에 골기질이 약화되고, 근육강도는 감소되며, 근육 건들의 위축이 일어나 기존의 약한 신체 부위가 더 심하게 약화된다.

그리고 환자가 통증에 대한 두려움으로 인해 운동이나 일상적인 활동을 적게 하고, 이것이 통증과 재발에 대한 두려움을 강하게 하여 요양 생활을 장기화시킨다. 나아가 신체적으로나 심리적으로 더 큰 문제가 발생하게 되는 악순환을 겪게 된다.

이상과 같이 볼 때, 환자가 추가상병으로 인한 장기간의 요양생활에서 벗어나기 위해서는 환자가 통증에 대한 이해를 충분히 한 상태에서 심리적인 안정을 되찾고 신체적인 활동을 꾸준히 해야 한다.

스트레스 해소 방법 팁 ❶

똥 쌀때는 똥만 싸라.

인간에게 두 가지 기본적인 욕구충족 기관이 있다면 입과 항문이다. 많은 사람이 욕구충족 수단으로 입을 자극한다는 것은 알고 있는 것 같다. 사람들은 스트레스를 받으면 입을 자극하는 행위를 한다. 술을 마시고, 담배를 피우고, 수다를 떨고, 과식을 하는 것 모두가 입을 자극함으로써 욕구를 충족시켜 스트레스를 풀려는 것이다. 이러한 자극은 스트레스를 푸는데 도움이 되지만 제대로 하지 못하면 부작용이 발생한다.

또 다른 욕구충족 수단은 괄약근을 통한 배출이다. 똥을 싸고 오줌을 누는 것과 같이 괄약근을 자극하여 배출하는 것을 잘 느껴 보면 상당한 쾌감을 얻을 수 있다. 그런데 많은 사람이 이러한 즐거움을 인식하지 못하거나 망각하고 있다. 싸는 동안 배출에만 집중하지 않고 다른 일을 동시에 행함으로써 쾌감을 누리지 못한다. 똥을 싸면서 신문이나 책을 읽고, 담배를 피우고, 잡다한 생각을 하여 배출 본래의 즐거움을 가지지 못하는 것이다.

아침에 일어나서 물을 한잔 마시고 몇 분이 지나면 기별이 오는데, 이때 화장실에 아무것도 가져가지 말고 똥을 싸면서 내 몸속에서 일어나는 변화를 느껴 보라. 한 덩어리가 쑥 빠질 때마다 느끼는 즐거움은 이루 말할 수 없다. 그리고 항문이 씰룩씰룩거리는 느낌은 또 다른 맛이 있다. 중간중간에 오줌이 찔끔찔끔 나오는 느낌 또한 좋다. 이러한 똥과 오줌이 나올 때마다 느끼는 시원함은 어떤 말로도 표현할 수 없다. 그러나 시원하다고 해서 "아이고, 시원하다."라고 말할 필요는 없다. 그저 시원함을 느끼는 것만으로도 족하다.

이와 같이 똥을 쌀 때 머리를 쓰지 않고 내 몸에서 일어나는 변화 자체에만 의식을 모으면서 느낌을 가져 보면 온 몸이 이완되면서 편안함을 가질 수 있다. 나아가 기분이 좋아지면서 스트레스도 풀리고 또한 스트레스를 감당하는 힘이 생기기도 한다.

절에서 용변을 해결하는 장소를 근심을 푸는 장소라는 뜻의 해우소(解憂所)라고 부르는 것을 볼 때 절에서 도를 닦는 스님들은 이런 원리를 잘 알고 실행하는 것이 아닌가 한다.

처음부터 쉽지는 않겠지만 똥을 쌀 때는 똥만 싸는 습관을 들여 보자. 그러면 나름대로 시원함을 느끼면서 건강도 좋아지고 자기를 조절하는 힘이 생기며 스트레스도 견뎌 낼 수 있다.

• • •

뇌는 두 가지를 한꺼번에 처리하려고 하면 과부하가 걸린다.
한 가지씩만 하면 스트레스를 관리할 수 있고 스트레스에서 벗어날 수 있다.

산재환자는 끊임없이 고민하며, 불안하고 우울해한다.
닥치지도 않은 일을 미리 걱정하고 세상이 끝난 듯 절망한다.

3장 산재 환자의 심리 특성

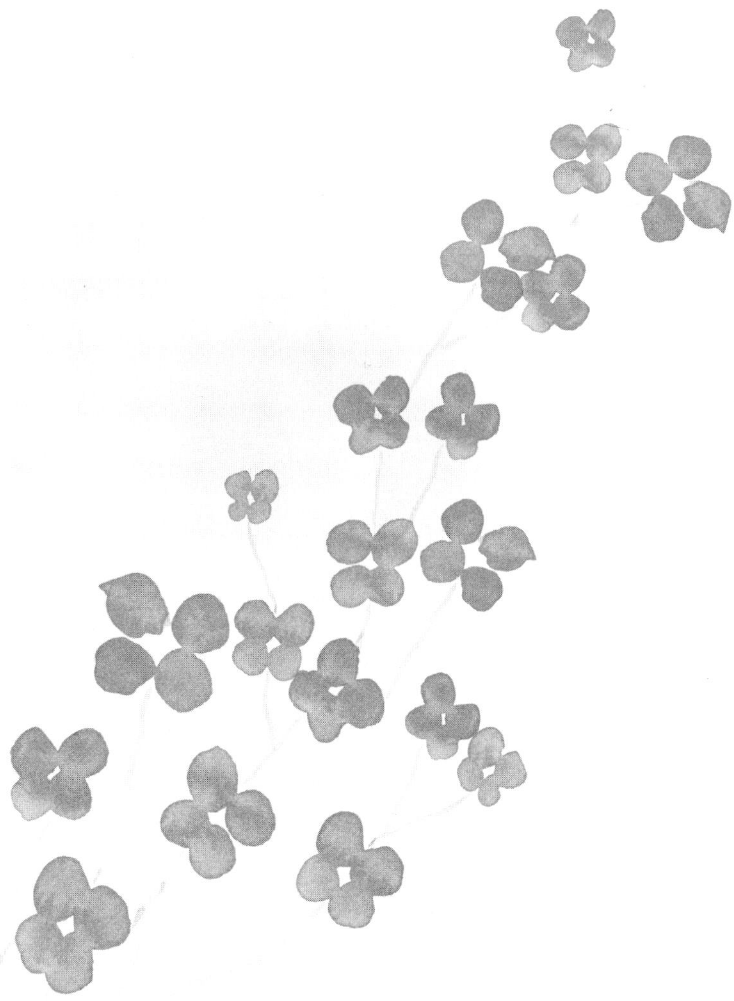

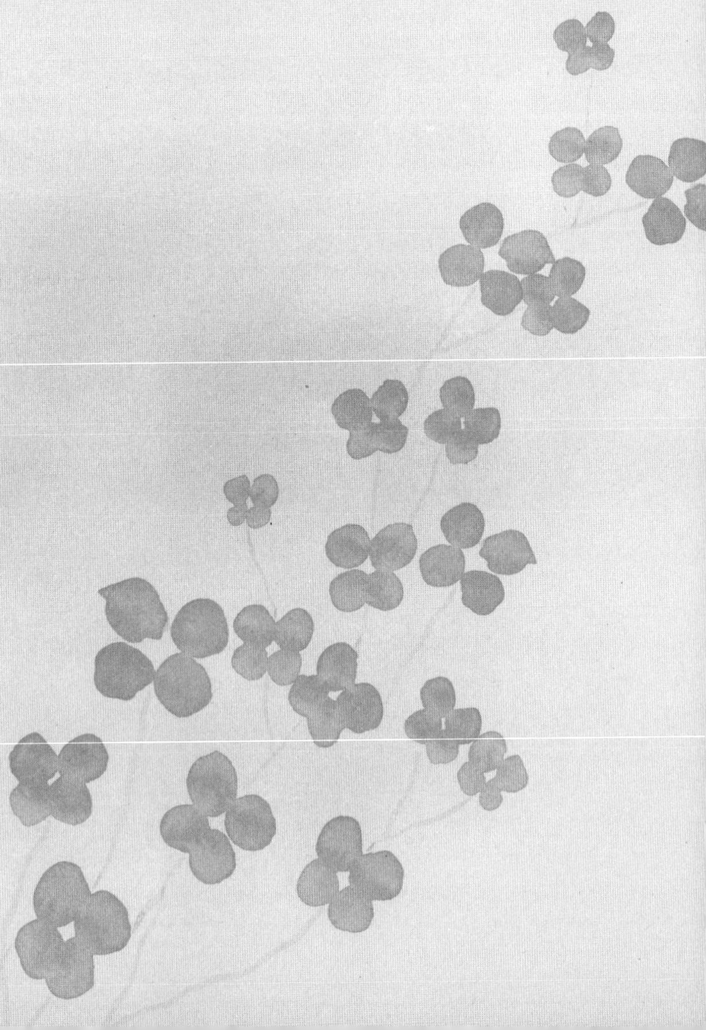

1

통증 때문에 불안해한다

근골격계 만성 통증 환자는 치료를 받는 동안에 상당히 불안해한다. 실제 임상 조사를 해 보았을 때, 입원치료를 하는 동안에 환자의 70~80%가 불안 관련 심리검사에서 불안지수가 임상적으로 아주 높게 나타났다. 또한 통원치료를 하는 환자는 약간 낮은 60~70% 수준을 보였다. 입원치료 환자든 통원치료 환자든 100명 중에 70명 정도는 전문가 상담을 받아야 할 정도로 불안을 경험한 것이다(강종구, 2007).

통증 회피

근골격계 만성 통증 환자는 통증에 대한 두려움이 있고, 통증을 일으킬 만한 조건에 대해 회피행동을 하며, 복직하는 것을 꺼린다.

회피행동이란 환자가 엄청난 통증을 경험해 보았기 때문에 가정에서, 직장에서, 사회에서 또다시 그런 통증을 일으킬 수 있는 모든 조건을 피하는 것이다.

환자는 통증을 일으킬 수 있는 자극이나 상황을 회피하고 자신의 행동을 제한하여 통증을 통제하는 데 많은 시간을 투자한다. 그러나 환자가 보이는 회피행동의 결과는 효과적인 것도, 생산적인 것도 아니다. 환자는 회피행동이 통증 때문에 오는 하나의 필연적 결과며, 통증의 수준을 낮추기 위한 최선의 방법이라고 생각한다. 그렇지만 이는 부적절하고 좋지 못한 대처 방법이다(김청송, 1999).

만성 통증환자가 보이는 회피행동은 단순히 활동과 운동 수준에서만 감소를 보이는 것이 아니다. 그들은 자기 내부와 외부의 자극, 신체활동, 다른 사람과의 관계, 모임, 여가활동 등과 같이 매우 광범위하고 복잡한 상황에서 회피행동을 한다.

이런 상태가 장기간 유지되면 아프기 전보다 전반적인 신체적 및 사회적 활동이 줄어들면서 자기 신체 내부에서 일어나는 생리적인 변화에 대해 불안해하면서 민감해진다. 그리하여 환자는 스트레스를 쉽게 받고 자기한테 주어지는 심리적이거나 신체적인 자극에 예민하게 반응하면서 결국 폭발한다. 이것이 통증을 악화시키고 나아가 요양기간은 늘어도 통증이 줄지 않는 요인이 된다.

통증 직면자 대 통증 회피자

급성 통증을 경험했더라도 통증에 대한 두려움이 적은 사람은 통증에 맞설 수 있다. 이처럼 통증에 당당하게 맞서는 사람을 통증 직면자라고 한다. 이와는 달리 통증에 대한 두려움으로 통증을 일으킬 만한 모든 활동을 회피하려는 사람을 통증 회피자라고 한다.

요통환자를 대상으로 통증 직면자 집단과 통증 회피자 집단의 행동수행을 비교해 보면, 두 환자 집단의 통증 정도는 비슷하였으나 통증 회피자가 통증 직면자에 비해 업무수행이 더 저조했다. 또한 통증을 호소하는 횟수가 더 많았고, 통증 기간이 더 길었으며, 통증 및 손상에 대한 두려움이 더 높았다. 그리고 일상생활에서 기능을 제대로 발휘하지 못하는 경우가 더 많았고, 요통에 더 많은 신경을 쓰고 있었다.

이러한 사실을 놓고 볼 때 환자가 통증이 있더라도 이를 무시하고 하던 일을 수행하면 적응이 되어 신체가 허약해지지 않는다. 또한 자기 생활에 제한을 덜 두어 만성 통증을 줄이는 효과를 볼 수 있다.

통증 예측

통증이 있을 것이라고 미리부터 예측하는 것은 통증에 대한 두려움을 일으킨다. 장기적으로는 이러한 요인이 통증 문제를 악화시키며 환자는 과도한 회피행동을 보이며 악순환을 겪게 된다.

환자는 자신이 신체 활동이나 일을 하면 통증이 일어날 것이라고 미리 걱정하면서 현장이나 실제 생활에서 회피반응을 보인다. 이러한 회피반응은 일이나 운동을 더 적게 하게 만드는데, 이는 통증을 더 많이 일으키게 하고, 나아가 통증에 대한 두려움을 키우게 한다. 환자는 이렇게 통증, 회피, 두려움, 통증의 악순환을 되풀이한다.

결국 환자는 요양 중에 운동을 많이 하거나 복직하여 현장에서 일을 하게 되면, 통증이 재발할 것이라는 불안으로 현장이나 운동치료 현장을 회피하게 되면서 일상생활로의 복귀가 늦어지고 어려워진다.

일을 하면 할수록 몸이 더 망가져 통증도 더 심해질 것이라는 환자의 생각이 환자 자신이 지니고 있는 불안 때문이라는 것을 알면, 그 환자는 일이 더 이상 두렵지 않을 것이다. 따라서 미리 겁먹지 말고 두려움을 줄인다면 적극적으로 생활할 수 있을 것이다.

2

통증에 대한 재앙적 사고가 과도한 통증 반응을 일으킨다

만성 통증 환자는 재앙적 사고를 많이 가지는데, 통증에 대한 재앙적 사고란 자기가 가지고 있는 통증에 대해 극단적으로 부정적인 생각을 하는 것을 말한다. 이들은 통증으로 인해 인생이 불행하고 절망적이며, 앞으로 가족도 먹여 살리지 못하고 자신이 할 수 있는 것은 아무것도 없다는 등의 불합리하고 부적응적인 생각을 과도하게 한다.

실제로 많은 만성 통증 환자가 이런 극단적 재앙적 사고를 가짐으로써 통증의 후유증이 심하고, 치료와 재활에 적극적이지 못하며, 매우 비활동적이고, 고립적이고 제한적인 삶을 이끌어 나간다. 만성 통증 환자는 우울 증상이 심하고, 통증과 병적인 행동을 많이 드러내며, 신체 및 심리사회적 기능 수준이 낮고 회복이 더딘 편이다.

근골격계 만성 통증 환자가 자신의 인생이 이제 끝장이라고 생각하는 재앙적 사고가 심할수록, 자기 자신을 통제할 수 있다는 자신감이 부족할수록 그 증상은 신체적 병리나 손상 정도와 일치하지 않고 더 심해진다. 또한 치료와 재활의 결과도 좋지 않고, 막연하고 검증되지 않은 치료 방법이나 자원을 비효율적이고 불확실하게 사용하는 경우가 많다.

따라서 재앙적 사고를 줄여야만 환자의 통증에 대한 지각을 약하게 하고 신체 및 심리사회적 손상을 줄이며, 만성 통증의 발달을 차단할 수 있다.

3

끊임없이 고민한다

산재 환자는 문제가 발생할 때부터 많은 고민을 할 수밖에 없다. 개인적으로는 산재 치료가 보장된 상태에서 편안하게 치료를 하고 싶지만, 생산 현장에서는 일손이 줄어 그 일을 다른 사람이 대신 맡아야 하므로 관리자나 동료들은 민감한 반응을 보일 수밖에 없다.

이런 갈등이 있기 때문에, 시간이 지나면서 점차 환자에게는 부정적인 심리 변화가 일어난다. 요양기간이 길어질수록 더 나쁜 결과를 초래하게 되고 이런 문제는 심리치료 전문가의 도움을 받아야 시행착오를 줄이고 효율적으로 문제를 풀어 나갈 수 있다.

산재 환자는 자신이 외톨이라고 생각하기 때문에 시간이 지나면서 불안해지기 시작한다. 불안한 상황이 오래가면 우울해지고, 신경이 예민해지며, 심신이 점차 약해진다.

장기 요양 환자는 아픔을 가지고 있고 그 아픔을 믿을 수 있는 전문가에게 마음을 열고 털어놓게 되면 혼자서 고민하는 것보다 더 빨리 회복되어 자기 자리로 돌아갈 수 있다. 상담을 받는 것이 처음에는 어렵더라도 자신이 혼자라는 생각을 버리고 적극적으로 임하면 현재의 고민을 해결하는 데 많은 도움을 얻을 수 있다.

여기서 심리상담실을 이용하여 도움을 받은 한 산재 환자의 사례를 살펴보자.

생산 현장에서 20년 가까이 일을 한 50세가 넘은 이 환자는 양 무릎과 어깨 통증으로 2년 가까이 요양생활을 하였다. 상담자를 만나자마자 "내가 이상해진 것 같다. 예전부터 들러 보고 싶었다. 산재 치료 전에는 안 그랬는데 신경이 예민해지고 자주 성을 내고 성격이 변해 사람 사는 것이 아니다. 조금만 무리를 해도 통증이 온다."라고 하였다. 또 오랫동안 진통제를 복용해서 속이 쓰리고, 위장약을 먹으니까 변비가 생기는 등의 악순환을 되풀이하고 있다고 보고하였다.

환자는 상담을 하면서 오랫동안 억눌러 왔던 감정을 쏟아내며 눈물을 흘리기도 하였다. 환자와는 일주일에 1회씩 총 7회을 만났다. 고민도 들어주고 현장 관리자와 연결도 해 주고 같이 산행과 식사도 하였다. 이런 과정 속에서 환자는 자신감과 마음의 안정을 얻어 일자리로 되돌아갈 수 있었고 지금까지도 잘 적응하고 있다.

4

믿을 수 있는 사람과 대화하고 싶어 한다

산재 환자는 오랫동안 동료와 친밀한 대화 없이 혼자서 끙끙거리면서 생활한다. 환자는 치료를 받으면서 혼자 지내는 시간이 많고, 치료 기간은 길어 그 사이 직장 동료와의 관계는 서먹서먹해지므로 이는 당연한 결과다.

산재 환자는 자신의 상황 때문에 다른 사람을 잘 믿지 못하는 경향이 있다. 조심스러워서 주위 사람과 대화를 쉽게 하지 못하고 다른 사람의 눈을 피하려는 경향 때문에 집에서 지내는 경우가 많다. 따라서 사회적 관계가 차단된다.

실제로 산재 환자와 대화를 해 보면, 환자가 종종 눈물을 흘리는 경우가 많다. 이는 사람들과 대화를 하지 못해 쌓인 갑갑함이 풀리면서 나오는 것이다. 그들은 오랫동안 치료를 받으면서 자기의 아픔을 이해해 주는 사람을 거의 만나지 못하니 답답할 수밖에 없다. 이럴 때 자기를 이해해 주고 마음속에 응어리진 아픔을 표현하게 해 주는 사람과 대화를 하게 되면 속이 시원해지면서 그동안의 답답함이 해소된다.

5

피해의식이 강하다

사람은 누구나 조직에서 이탈하여 생활을 하게 되면 다른 조직원이 나를 어떻게 생각할까 궁금해진다. 특히 나의 일을 동료가 대신해서 한다면 동료의 반응이 어떨까 하고 이런저런 생각을 하게 된다.

이런 상황은 많은 사람이 경험해 보았을 것이다. 심한 질병으로 일주일 이상 직장에 나가지 못했을 때 여러 생각이 뇌리를 스쳐 지나간다는 것을. 문병을 와야 할 사람이 오지 않는다면 예민해져 그 사람에 대한 생각에 집착하게 되고 부정적인 생각이 서서히 머리를 들다 급기야 서운한 감정을 가지게 된다.

산재 환자는 작업 중에 다쳐서 병원치료를 받는 것임에도 마음이 편하지 않다. 우선 산재 신청 절차 중에 관리자와 환자 사이에 불편한 관계가 형성된다. 처음부터 시작된 불편한 관계는 시간이 지나면서 더 심해져 예민한 상태로 변한다.

치료받는 동안 혼자 지내기 때문에 생활 자체가 재미가 없으며, 재미없는 상태에서는 긍정적인 사고보다는 부정적인 사고에 집착하기 쉽다. 이런 부정적인 사고에 집착하는 시간이 많을수록 피해의식은 강해지고 다른 사람이 못마땅해 보이며, 기분이 쉽게 상하기도 한다. 또한 다른 사람이 나를 이해하지 못한다는 생각에 사로잡혀 남을 원망하는 등 강한 피해의식을 보이게 된다.

6

수술이 성공해도 통증이 있으면 수술 실패로 판단한다

산재 환자는 다양한 상태에서 통증을 호소한다. 기압이 낮은 흐린 날, 기온이 내려가는 겨울철, 그리고 심한 스트레스가 있을 때 특히 통증을 많이 경험한다. 이런 통증 경험에 대해 환자는 치료나 수술이 잘못되어 일어난 결과라고 해석하면서 의사를 불신하고 원망한다. 심지어 대학병원의 교수에게서 수술을 받았으면서도 인턴이나 레지던트에게서 수술을 받아 결과가 좋지 않다고 억지를 부리기도 한다.

이는 통증의 기본원리는 망각한 채 오직 의사가 치료나 수술을 잘못해서 이런 결과가 나왔다고 해석하는 것이다. 그러나 이는 수술의 잘못 여부와는 관계가 없다. 디스크가 탈출되어 신경을 건드리는 디스크 탈출증의 경우 디스크 제거술이나 고정술을 하더라도 통증은 발생한다. 이때 발생하는 통증은 신경의 접촉과 관계없이 기존의 과민해진 신경이 간접적인 자극에 의해 흥분되면서 일어나는 것이다. 더욱이 환자의 불신과 원망이 신경을 더 예민하게 만들고 자극하여 통증은 사라지지 않는다.

많은 의사가 "만성 통증은 평생 가지고 가는 것이다."라고 말한다. 이렇게 통증은 시간이 지나야 차츰 줄어드는 것이니만큼 조급하게 굴지 말고 느긋하게 지내면서 체념하고 받아들여야 한다. 그리고 통증 조절을 위한 철저한 계획을 세워 지속적으로 관리해야 한다.

7

복직할 때가 되면 불안하다

산재 환자는 재활치료를 받는 동안에는 통증을 크게 느끼지 않는 경우가 많다. 그 이유는 환자가 운동이나 재활치료를 받을 때는 생활이 활기를 띠어 실제 통증이 있어도 여러 가지 활동으로 자극이 분산되어 아픈 것에 집착하지 않기 때문이다. 그렇지만 공단에서 요양 종결을 통고하고 복직 날짜가 결정되면 그때부터 통증은 다시 심해진다.

복직할 때가 되면 산재 환자는 닥치지도 않았는데 미리부터 걱정하면서 심한 스트레스를 받는다. 그리고 치료를 마치고 복직하면 그간 동료나 관리자와 소원한 관계 속에서 지녔던 원망, 괘씸함, 분노감, 죄책감 등이 고개를 든다. 이와 같이 복직할 때가 되면 여러 가지 불편한 심리 상태가 신경을 예민하게 하면서 통증을 더욱 심하게 만든다.

8

자신감이 없고 예전에 하던 일을 할 수 없다고 생각한다

근골격계 산재 환자는 이전에 자기가 했던 일은 이제 더 이상 할 수 없다고 판단한다. 특히, 고정술을 받았던 환자는 주치에게서 이전에 했던 일을 하면 안 된다는 강한 경고를 받는다. 이런 상태에서 환자는 자신이 이전에 했던 일을 하면 안 된다고 결론을 내린다. 물론 고정술을 한 상태에서 이전처럼 강도 높은 일은 할 수 없을 것이다. 문제는 이전의 일을 할 수 없다는 자신감 상실과 가벼운 일만 하겠다는 소극적인 태도에 있다.

사업주나 현장 관리자는 환자의 이런 생각을 받아들이지 못한다.

가벼운 일거리가 그렇게 많은가 하는 문제와 환자가 다른 일을 할 수 있는 기술이 있는가 하는 문제가 발생한다. 또한 가벼운 일을 하는 사람에게 임금을 이전 수준에 맞춰 주는 것도 문제가 될 수 있다.

환자는 복직해서 대부분 이전의 일을 할 수 있는데, 단 전에 자기관리를 충분히 해야 한다. 적절한 운동을 꾸준히 하면서 점차 일의 강도를 늘려 가면 충분히 해낼 수 있을 것이다.

미리부터 예전의 자기 일을 하지 못할 것이라 생각하고 현장에 소극적으로 들어간 사람과 상황에 맞게 적절하게 일을 해 보겠다는 적극적인 태도와 생각으로 들어간 사람 사이에는 현실 생활의 적응에서 차이가 크게 날 수밖에 없으므로 항상 할 수 있다는 적극적인 태도를 가져야 한다.

9

환자는 완치를 목표로 한다

근골격계 통증 환자는 완전히 치료되어 통증이 없기를 기대하는데, 이는 아주 잘못된 생각이다. 만성 통증은 완치가 거의 어려우므로 만약 완치를 목표로 하게 되면 좌절감, 절망감을 느끼면서 심리적으로 아주 힘들어진다.

근골격계 만성 통증은 장기간에 걸쳐 온 문제이고 신경이 손상되거나 약해진 것이기 때문에 회복까지는 아주 오랜 시간이 걸리거나 완전히 회복되지 않을 수도 있다.

통증은 느낄 수도 있고 느끼지 못할 수도 있다. 기본적인 의학적 치료를 받고 재활 운동을 어느 정도 한 후 복직하여 정상적인 사회생활을 하다 보면 통증을 잘 느끼지 못할 수 있다. 이런 사실을 깨닫지 못하고 아직까지 치료가 다 되지 않았다고 판단하여 여러 의사와 병원을 쫓아다니면 많은 후유증이 생길 뿐만 아니라 경제적으로도 손해가 크다. 특히 통증을 완치할 수 있다는 광고에 현혹되어 비싼 약을 사 먹거나 기구를 사거나 주사를 맞는 환자가 종종 있는데, 이런 방법은 좋지 않다. 만성 통증을 한 방에 해결하려는 태도를 지닌 환자가 이리저리 쫓아다니면서 돈을 쓰는 것은 낭비일 뿐이다.

7년 가까이 근골격계 통증 문제로 산재 치료를 받은 후 복직한 환자와 상담을 한 적이 있다. 그는 7년이란 긴 시간 동안 치료하고도 아직까지 치료할 것이 남아 있으니 더 치료를 해야 한다는 입장이었다. 그러면서 공단에서 요양을 종결한 것에 대해 대단히 서운해하며 분노하는 모습을 보였는데, 이는 매우 안타까운 일이 아닐 수 없다.

환자 본인은 악의적으로 치료 기간을 연장해 가면서 치료를 받은 것이 아니었다. 단지 근골격계 만성 통증에 대한 치료 원리를 제대로 알지 못하고 의료진도 단편적인 치료만 했을 뿐 환자를 위해 종합적인 소견을 바탕으로 한 치료 종결을 권유하지 않았던 것이다.

만성 통증은 결코 하루아침에 없어지는 것이 아니니 통증을 치료하려면 자기 마음을 다스리고 꾸준히 운동을 해야 한다.

10

환자는 자주 드러눕는 경향이 있다

근골격계 질환은 생명과 직결되는 병이 아니다. 기본적인 의학적 치료가 끝나면 운동을 중심으로 하는 재활치료가 뒤따라야 한다. 많은 환자가 재활치료 동안 근력강화 운동과 유산소 운동을 해야 하는 것을 알고 실천하고 있다. 그렇지만 일부 환자는 통증을 약물이나 주사에 의존하면서 소극적으로 치료하려고 하거나 힘이 든다고 자주 드러눕는 경향이 있다.

자주 드러눕는 환자는 다양한 후유증을 드러낸다. 먼저 무기력하기 때문에 재활이 아주 힘들다. 재활에는 힘든 운동 과정이 있는데,

끈기를 가지고 참아 내야 한다. 가능하면 드러눕지 않고 운동을 많이 하는 것이 근골격계 산재 환자가 이겨 내야 할 숙제다. 사람들이 활동하는 낮 시간에 드러누워 있으면 허무감과 함께 좌절감, 무기력감을 느끼면서 생활에 활기가 없어진다.

산재 환자가 낮에 많이 드러누워 있으면 활동력이 떨어질 뿐만 아니라 낮잠을 많이 자기 때문에 밤잠은 거의 자지 못한다. 밤낮이 바뀌면서 생활 리듬이 깨지고 신경이 예민해지면서 저녁에 통증을 더 많이 느끼게 된다. 저녁에 잠을 제대로 자지 못하면 그 시간에 컴퓨터 게임이나 술과 담배를 많이 하게 되는 상황이 발생한다. 이 또한 기본적으로 근골격계를 약하게 하고 장기적으로 통증을 더 심하게 느끼게 한다.

11

환자는 마취에 대해 잘못된 생각을 많이 한다

마취와 관련해 자주 나오는 질문이 '마취가 잘 안 되는 사람이 있느냐'는 것이다. 체질에 따라 그럴 수도 있고 사람에 따라 마취 용량도 달라질 수 있다. 술을 자주 마시거나 주량이 많은 사람의 경우 마취가 잘 안 되는 경우도 있는데, 이는 알코올이나 수면제 등 약물에 강하거나 약물을 자주 경험한 사람에게서 흔히 나타날 수 있는 일이다. 마취 전에 의사가 환자에게 주량을 물어보는 것은 이 때문이다.

약물을 정맥 내로 주입하는 정맥 마취에서 의식차단이 완전히 이루어지지 않아 수술 상황을 기억하는 사례가 드물게 보고된 바 있다. 하지만 현재는 정맥 마취제와 마취 장비의 발달로 충분한 의식소실이 이루어지고 있고, 흡입 마취제도 의식과 감각을 충분히 차단하기 때문에 마취가 되지 않는 환자는 없다고 볼 수 있다. 다만 마취과 의사가 시행하는 국소마취의 경우에는 마취가 완벽하게 되지 않을 수는 있다.

또 전신 마취를 많이 했다고 해서 기억력이 예전보다 떨어지거나 치매가 더 빨리 진행된다는 임상보고는 없다. 마취에 사용하는 약물은 일정 시간이 지나면 체내에서 대사되어 대부분 체외로 배출되므로 큰 문제가 되지 않는다. 그럼에도 전신마취를 한 많은 산재 환자는 건망증이나 기억력 저하를 마취의 후유증으로 본다. 하지만 이는 수술 전후로 스트레스를 많이 받고 뇌신경이 피로한 상태에서 적극적이고 정상적인 사회활동을 하지 않기 때문에 발생하는 문제다.

산재 환자든 다른 환자든 간에 병원생활을 오래하거나 장기간 치료를 하면서 스트레스를 많이 받은 환자는 기억력이 떨어지기 쉽다. 왜냐하면 정상적인 사회생활을 하지 않아 뇌신경이 충분한 자극을 받지 못하고 신경이 예민한 상태로 계속 긴장해 있어 피곤하기 때문이다. 또 뇌신경이 둔한 상태에서 환자가 듣고, 보고, 기억하려고 한 것이 명확하게 신경에 등록되지 못하기 때문이다. 그래서 막상 기억을 해내려고 하면 기억이 잘 나지 않는 상황이 발생한다.

'척추마취를 하면 허리가 아프다'는 것도 오해다. 척추마취는 환자의 의식이 깨어 있고 특별히 심장이나 폐 기능의 저하를 유발하지 않는 특성이 있다. 수술 후에 요통을 호소하는 것은 수술이 진행되는 동안 척추 주위 근육의 이완으로 인한 자세 불안정, 병원의 침대생활 부적응 등이 주원인이다. 따라서 단순히 허리가 아플까 봐 두려워서 척추마취를 피할 필요는 없다.

스트레스 해소 방법 팁 ❷

양치질할 때는 양치질만 하라.

사람은 하루에 최소 3회는 양치질을 한다. 양치질을 하는 기본 목적은 입안을 청결하게 하는 것이다. 이는 모든 사람이 잘 알고 있는 사실이다. 그렇지만 양치질이 혈액 순환을 원활하게 하고 신경을 안정시켜 스트레스를 해소시켜 줄 수 있다는 것은 잘 모르는 것 같다. 하루에 3회, 한 번에 3분, 하루에 9분 정도를 양치질하면서 마음을 안정시키면 신체 기관이나 조직을 이완시킬 수 있다.

양치질을 하면 칫솔이 이뿐만 아니라 잇몸을 자극하면서 마사지를 한다. 잇몸에는 많은 모세혈관이 있는데, 자극하여 마사지를 해 주면 혈액순환이 잘된다. 그렇게 되면 혈관 주변에 있는 신경에 에너지 공급이 잘되고 신경이 안정된다.

그런데 사람들은 양치질을 할 때 대부분 거울 앞에서 온갖 잡다한 생각이나 다른 행동을 함께 한다. 또 이런저런 데 머리를 쓰면서 조급한 마음을 가진다. 기본적으로 양치질을 하면 혈액순환이 잘되지만 더 잘되게 하려면 가능한 한 생각을 하지 말고 편안한 마음으로 여유 있게 양치질만 해야 한다. 즉, 양치질할 때 생기는 갖가지 느낌에 집중하며, 거기에 다른 의미는 부여하지 말고 양치질만 해야 한다. 하루에 3회, 한 번에 3분 정도를 이렇게 하면 신경이 안정되어 근육이 이완되고 피로가 풀리면서 스트레스가 완화된다.

몇 년 전에 TV에서 양치질 전후로 허리 굽히기 정도가 달라지는 내용을 방영한 적이 있다. 양치질을 하기 전보다 한 후에 허리 굽히는 정도가 훨씬 더 좋아졌는데, 이는 양치질의 놀라운 효과를 보여 주는 사례다. 양치질은 이렇게 일상생활에서 손쉽게 몸과 마음을 이완시킬 수 있는 좋은 방법이다.

근골격계 만성 통증은 원래 통증이 있다 없다 하는 것이다.
마음이 편하지 않고 스트레스를 지속적으로 받으면
당연히 통증이 있을 수밖에 없다

4장 근골격계 만성 통증의 특징

1

통증은 뇌의 의해 조절된다

사람의 신체는 과거에 손상당한 적이 있거나 약해진 적이 있으면, 특히 손상과 관련하여 스트레스를 심하게 받은 적이 있으면 차후에 오랫동안 문제가 된다. 이러한 상태에 있는 신체를 일차적으로 해결해 줄 수 있는 것은 생물학적 접근으로 약물처방과 수술요법이 있는데, 이는 질병에 대처하는 전통적인 방법이다.

신체가 건강하지 않은 상태에서 장기간 방치하면 이차적인 문제가 발생하면서 신체 및 정신 상태에 변화가 일어나는데 이때는 이러한 전통적인 치료 방법으로는 효과를 보기 어렵다.

인간의 질병은 조직이나 기관에 문제가 발생한 것이다. 여기서 문제란 신경계, 혈관계, 호르몬계, 근골격계 등에서 부정적인 변화가 일어난 것이다. 이 네 가지 영역은 밀접하게 상호작용을 하고 있고, 뇌의 통제를 받고 있다. 인간이 무슨 생각을 하고, 기분이 어떠하고, 어떤 행동을 하느냐에 따라 뇌의 상태는 변화하고, 뇌의 변화에 의해 신경계, 혈관계, 호르몬계, 근골격계 등에 직간접적으로 영향을 미친다.

한 개인이 지니고 있는 통증을 이해하기 위해서는 생물학적, 심리학적 및 사회적인 요인을 동시에 고려하여 종합적으로 접근해야 한다. 통증은 신체적인 문제나 질병 그 자체에만 초점을 맞추어 치료해 나가면 한계점에 부딪히고 적절한 치료를 할 수 없다. 설사 치료가 되었다 할지라도 재발하기 쉽다. 따라서 환자 개인이 지니고 있는 심리적인 문제와 사회 문화적인 요인을 포괄적으로 이해하고 접근해야 한다.

통증은 제2차 세계대전 때부터 부상당한 군인을 대상으로 본격적으로 연구되었다. 제2차 세계대전 중 의사인 비처(Henry Beecher) 박사는 전쟁터에서 통증을 심하게 호소하면서 모르핀 주사(진통제)를 요구하던 부상당한 군인들이 후방의 야전병원에 도착했을 때는 세 명 중 한 명 정도만이 계속해서 모르핀을 요구한다는 사실을 알았다. 놀랍게도 나머지 두 명은 통증이 없다고 하거나 약을 주지 않더라도 통증을 견딜 수 있었다. 이러한 발견이 시발점이 되어 통증에 대한 심리학적인 연구가 심층적으로 이루어졌다.

이때 부상당한 군인은 신체 부상 외에 전쟁터에서 벌어지는 죽음과 관련된 두려움과 공포감 때문에 그 상황에서 벗어나고픈 심리가 통증을 더욱 심하게 느끼게 만든 것이다. 환자의 통증에는 뇌와 척추 같은 중추 신경과 몸 전체에 널리 퍼져 있는 말초신경이 작용하는데, 이면에는 인간의 사고와 정서 및 행동이 개입되어 있음을 이 사례를 통해알 수 있다.

한 환자가 사고성 산재를 당하여 손목 수술을 받고서 2년 가까이 요양을 하였는데 통증은 여전히 남아 있었다. 문제는 통증이 지속적으로 발생하는 것이 아니라 통증이 있을 때도 있고 없을 때도 있다는 것이었다. 이러한 통증을 핑계로 집에서 요양하면서 부인이 부탁하는 간단한 일조차도 하지 않았다. 심지어는 사람들과 악수할 때도 통증을 느껴 악수를 제대로 하지 못하였고, 그로 인해 사람을 피하고 심리적인 압박감을 느꼈다. 2년 가까이 손목을 제대로 쓰지 못하니까 손목의 근골격계, 혈관계 및 신경계는 약해지고 예민해져 통증은 줄어들지 않았다.

환자의 수술한 손목은 시간이 지나면 자연스럽게 회복이 가능하다.

문제는 회복하는 과정에서 불안이나 걱정과 같은 심리적인 불안정이 심하면 손목을 통제하는 뇌의 특정 부위가 부정적으로 작용하여 통증을 수시로 일으키면서 빨리 안정을 되찾지 못하게 하는 것이다.

이 환자에게 나는 통증이 발생하는 원리를 설명해 주고, 실제 생활 속에서 있을 수 있는 통증문제 대처방법에 대해 구체적으로 교육하였다. 환자는 통증 대처방법을 실제 생활 속에 적용하면서 조금씩 자신감을 찾아 곧 정상적인 생활을 할 수 있게 되었다.

환자에게 신체적인 문제가 일차적으로 있는 것은 맞지만 신체적인 문제만 놓고 볼 때는 아무리 길게 잡아도 회복기간이 6개월은 넘지 않을 것이다. 그런데도 요양기간이 2년 이상 장기화되는 것은 개인의 심리 문제와 환자를 둘러싸고 있는 사회적 및 환경적인 문제가 작용했기 때문이니 근골격계 통증 문제를 근본적으로 치료하기 위해서는 신체 문제뿐만 아니라 환자의 정서와 사고, 이해관계 등을 고려해야 한다.

2

통증에 대한 생물-심리사회적인 이해

의학적 모델에서는 '허리 디스크 수술을 하고 3~6개월 경과 후에는 어느 정도 복직할 수 있다' 고 전제한다. 그렇지만 산업 재해 환자에게 이런 전제가 적용되는 예는 거의 없다. 그렇다면 이런 의학적인 모델이 틀린 것인가? 아니면 신체 손상 외에 여러 가지 변수가 작용하고 있는 것일까?

통증을 일으키는 일차적인 원인은 조직 손상이나 상태 변화다. 그렇지만 신체 손상 정도와 통증의 심도는 반드시 비례하지는 않는다. 통증은 감각만의 문제가 아니라 생각과 감정을 포함한다. 몸은 그렇게 심하게 손상이나 약화되지 않았지만 마음이 매우 심란하거나 우울하면 아픔을 크게 느낀다. 이때는 몸이 아프더라도 예전의 즐거웠던 추억을 생각하거나 게임과 같이 흥미로운 일에 빠지면 통증을 느끼지 못하거나 줄일 수 있다.

사람은 근육 긴장, 혈관 변화, 자율신경계의 각성과 호르몬 변화 같은 신체적 및 생리적인 변화뿐만 아니라 신체 질병이나 손상, 개인이 통증에 대해 지니는 의미, 정서 상태, 가족 지지 정도, 과거 경험, 부모 및 주변 사람에게서의 학습 등에 의해 스트레스 정도를 다르게 느낀다. 그리고 각각 그 정도에 따라 통증 수준도 달라진다.

신체에 생긴 상처가 스트레스를 주지만, 앞으로 일어날 일에 대한 불확실성은 이보다 더 심한 스트레스를 줄 수 있다. 스트레스 정도에 따라 스트레스에 민감한 코르티솔이라는 호르몬 분비가 달라진다. 이 호르몬의 분비 정도가 통증을 느끼는 강도에 차이를 일으킬 수 있다.

예컨대, 사람이 헌혈을 처음 할 때와 두 번째 할 때, 그리고 군인이 낙하 훈련을 처음 할 때와 두 번째 할 때 스트레스를 느끼는 정도가 달라진다. 헌혈이나 낙하훈련을 처음 할 때보다는 두 번째 할 때가 덜 불확실하기 때문에 스트레스를 덜 받아 코르티솔이 덜 분비되고 고통도 적게 느낀다.

이와 같은 두 가지 스트레스를 유발하는 상황에서 일어날 수 있는 생리적 반응은 다음과 같다. 스트레스는 불안이나 긴장과 같은 부정적인 감정 상태를 일으키고 근육을 경련시킨다. 또 근육 속 혈관의 피의 흐름을 방해하여 혈류량을 줄이는데, 이로 인해 산소가 충분히 공급되지 못하여 신경이 위축되면서 통증에 민감해진다.

사람은 마음이 불편하다며 심리적인 고통을 호소하기보다는 신체적인 고통을 호소하는 것이 더 편하다고 생각한다. 또한 신체적인 아픔을 나타내는 것이 사회적으로 더 허용되기 때문에 우울이나 불안 또는 부적 정서를 드러내기보다는 통증과 같이 신체적인 증상을 더 많이 보인다.

그 예로 시집살이로 마음고생을 하는 며느리가 앓게 되는 몸살을 들 수 있다. 우리나라 여성은 결혼 후 시집살이를 하면서 마음고생을 하는 경우가 많은데, 이때 남편이 부인의 이런 마음을 몰라주면 심리적으로 더없이 힘든 상황이 된다. 그렇다고 힘들다는 것을 마음대로 호소할 수 있는 입장도 아니다. 이때 이런 힘든 상황에 대처하여 조금이나마 벗어날 수 있는 방법이 몸살을 앓거나 아파서 드러눕는 것이다. 즉, 마음이 힘들 때 그것이 신체 증상인 몸살로 나타나게 되는 것이다.

사람의 신체에서는 아편 성분인 엔도르핀이 분비된다. 이는 스트레스를 받을 때 분비되는 코르티솔과는 반대로 웃거나 유산소 운동을 할 때와 같이 즐거울 때 분비된다. “웃음이 만병통치약”이라는 말이 있듯이 엔도르핀은 몸의 면역 기능을 높여 주고 질병을 치유하는 기능을 한다.

통증이 심할 때 병원에 가서 맞는 진통제 주사의 성분이 아편인데, 사람들의 뇌와 척수에서 분비되는 엔도르핀에 함유된 아편 성분이 인공적으로 제조한 아편제보다 성분의 농도가 더 진하고 진통 효과도 더 강력하다는 것이 밝혀졌다. 따라서 통증을 줄이기 위해서는 스트레스를 가능하면 피하고 많이 웃으며 긍정적으로 생활해야 한다.

3

통증과 스트레스의 관계

근골격계 산재 환자가 지니고 있는 통증 문제를 이해하기 위해서는 스트레스와 통증의 관계를 우선 알아야 한다. 특히, 근골격계 만성 통증이 어떤 원리에 의해 일어나는지를 알아야 한다.

통증을 설명하는 관점은 다양하다. 근골격계 만성 통증에 대한 원리를 스트레스, 긴장, 통증에 초점을 맞추어 기술하면 다음과 같다.

통증–스트레스–긴장–통증의 악순환

첫째, 어떤 원인이든 시간이 경과하면서 허리 부분의 근육이나 인대의 탄력이 떨어져 있는 상태에서 당기거나 뒤틀리면 통증을 느끼기 시작한다. 이때 바쁘게 생활하거나 즐거운 일이 있어 잊어버리면 그냥 지나치게 되지만, 여기에 신경을 쓰면서 문제를 해결하려고 집착하면 통증이 줄어들지 않고 지속된다.

둘째, 현업에서 작업하는 환자들은 치료를 받으려면 보고체계를 거쳐야 하는데, 적절한 조치가 취해지지 않으면 스트레스를 받을 수밖에 없다. 통증과 관련하여 스트레스를 받는 범위는 아주 광범위한데, 현장에서, 가정에서, 업무에서, 대인관계에서 스트레스를 받을 수 있다. 통증과 관련된 스트레스를 반복적으로 경험하거나 그 정도가 심해지면 환자는 허리에 있는 통증과 관련하여 불안, 걱정, 염려, 긴장, 화, 배신감, 자신감 상실 등을 자주 경험하게 된다. 이런 상태가 뇌신경을 흥분시키면서 통증 부위의 신경을 자극시켜 통증을 일으킨다. 개인이 문제를 어떻게 풀어 나가느냐에 따라, 현장 책임자가 어떻게 대처하느냐에 따라, 그 당시 부서에서 처리해야 하는 작업량에 따라 통증의 정도는 다를 것이다. 어떤 사람은 치료를 신속하게 받아 그 일을 잊어버리고 스트레스를 받지 않는 경우도 있지만, 어떤

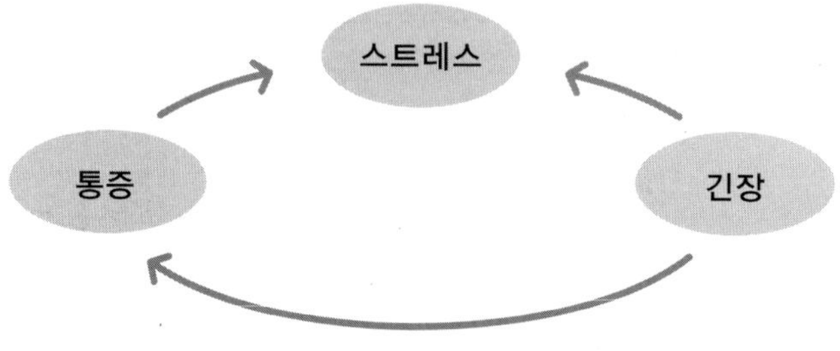

사람은 일이 잘 처리되지 않아 계속해서 통증을 느끼면서 일하게 되어 스트레스가 심해지는 경우도 있다.

셋째, 개인이 부적절하게 대처하거나 현장에서 적절한 조치를 취하지 못하여 치료를 제대로 받지 못할 수 있다. 이러한 상태에서 일을 지속적으로 하다 보면 통증 문제에 신경을 쓰면서 스트레스를 받아 허리에 있는 특정 근육 부위의 과잉활동이 더욱 증가된다. 환자가 통증과 관련하여 스트레스를 받으면 받을수록 손상 부위의 근육은 더욱 긴장되고, 혈액순환은 원활하지 않고, 신경활동은 흥분 상태가 되고, 통증은 더 많이 발생한다. 이에 따라 스트레스가 많아지면서 통증은 더욱 심해지는 악순환을 겪게 된다.

넷째, 일단 통증이 발생하면, 사람은 일을 하면서도 그 통증 발생 부분에 신경을 곤두세울 수밖에 없다. 그렇게 되면 근육이 더 긴장하여 근육 내부에 있는 혈관수축은 더 심해지고, 신경계도 더 흥분하여 민감해지게 된다. 이와 같이 혈관수축이나 신경계 흥분이 심하게 일어나면 날수록 근육경련은 더 심하게 발생한다. 손상된 허리 부분의 혈액순환이 원활하게 이루어지지 않고, 신경계 흥분은 더 심해지며, 통증유발 물질은 더 많아져 통증이 더 강하게 발생하게 된다. 통증이 더 강하게 발생하면 할수록 뇌의 특정 영역에서는 통증과 관련한 기억이 더 강하게 이루어진다. 이러한 악순환 과정을 되풀이하면서 통증-스트레스-긴장-통증을 만성적으로 경험하게 된다. 만성화 과정을 겪으면서 몸을 움직이면 긴장이 일어난 근육 부위에는 통증이 더욱 증가하기 때문에 움직이는 것이 겁이 나고 두려워 더 움직이지 않게 된다. 이렇게 되면 개인이 통증을 참아 내는 힘은 더 떨어져 약간만 통증이 있다고 느껴져도 심하게 통증을 호소하게 된다. 통증이 심해지니까 아픈 부위는 더 움직이지 않게 되고, 움직이지 않으니까 아픈 부위는 점차 회복되더라도 문제가 되었던 부위의 보조 역할을 하는 부분이 약해져 움직일 때 또 다른 통증을 유발하게 된다. 이렇게 되면 통증은 만성화된다.

이와 같이 신체적인 통증을 일으키는 스트레스 사건 및 통증에 대처하려는 개인의 대처능력이 크게 부족할 때는 통증-긴장 주기가 더욱 가속화되고 장기화된다.

4

만성 통증의 기본 지식과 원리

'근골격계 통증은 왜 발생하는가? 통증과 근골격계는 무엇이 조절하는가?' 이 문제의 기본적인 답은 일을 할 때 신체에 힘이 들어간 상태에서 적절히 이완시키지 못하고 오랫동안 근육을 지속적이고 반복적으로 쓰기 때문에 신경계 및 근골격계에 문제가 발생하는 것이다.

그렇다면 '의사가 자기공명영상법(MRI) 상에서 상태가 심하지 않고 특별히 문제가 될 정도가 아니라고 하는데도 환자는 왜 근골격계 통증을 심하게 호소하는가?' 이를 이해하기 위해 다음의 몇 가지 기본 지식을 알아야 한다.

- 만성 통증 문제는 워낙 복잡해서 한 가지로 설명하기 곤란하다.
- 만성 통증은 근골격계 문제로 나타나지만 기본적으로 신경계 및 순환계 문제를 함께 고려해야 한다.
- 신체 부분에 힘이 들어갈 때는 혈관을 통해 피가 원활하게 순환하지 못한다. 이로 인해 에너지원인 영양소와 산소가 신경계, 근골격계에 잘 공급되지 못하는 상태가 오랫동안 반복되면 근골격계가 약해지면서 문제가 발생한다.
- 신경이 흥분(긴장)되면 통증이 증가하고, 이완되면 완화된다.
- 급성 통증은 스트레스와 관계가 적지만 6개월 이상 된 지속만성 통증은 대부분 스트레스와 연관이 있다.
- 스트레스는 뇌신경을 흥분시키기 때문에 아픈 부위 신경에도 영향을 미쳐 통증을 심하게 한다.
- 신경이 많이 손상되었다고 해서 반드시 심하게 아픈 것은 아니며 약하게 손상되었다고 해서 통증이 적은 것이 아니다. 개인차가 있으며, 그 이면에는 신경계의 예민함과 통증과 관련된 과부하가 존재한다. 따라서 통증과 관련하여 고민을 많이 하면 할수록 통증은 더 심해진다.
- 신경은 우리 몸에서 정보처리 조직이다. 손가락 하나 까딱하고, 피부에 가하는 경미한 자극을 느끼는 것은 신경작용이다.
- 혈관은 우리 몸에서 영양분과 산소와 같은 에너지를 운반하는 운송통로와 같은 조직이다. 혈액순환이 원활하지 않으면 신경조직에 에너지가 충분히 공급되지 못하기 때문에 신경이 비정

상적인 반응을 보이는데, 이것이 통증 문제를 유발시킨다.

- 신경과 혈관은 실과 바늘같이 반드시 붙어 다녀야 하는 조직이다. 신경은 혈관을 통해 끊임없이 에너지를 공급받으며, 만약 에너지를 공급받지 못하면 얼마 가지 않아 자기 기능을 발휘하지 못하게 된다. 혈관은 신경 작동에 따라 분비되는 여러 가지 물질을 운반하는 통로와 같은 역할을 한다.
- 마음은 좁은 의미로 뇌(신경)를 의미한다.
- 통증이라고 하면 그 이면에 있는 신경을 우선적으로 떠올려야 한다.
- 신경은 근육(골격)을 지배하고 조절한다. 신경이 흥분하면 근육이 수축된다.
- 신경은 부정적인 생각이나 감정에 의해 흥분되고 예민해진다.

그리고 근골격계 만성 통증의 원리를 요약하면 다음과 같다.

- 손상 부위에 신경 센스가 흥분하여 통증을 일으키는 물질이 분비된다.
- 손상 부위 주변 근육이 과잉 민감해지고 흥분 활동을 하여 근육이 수축되면서 근육 속에 있는 혈관이 좁아져 혈액순환이 방해된다.
- 혈액을 통하여 공급되는 에너지인 영양분과 산소 공급이 부족해진다.

- 신경이 에너지를 적게 받게 되면서 신경 센스가 더 예민해진다.
- 신경 센스가 더 예민해지면서 근육과 근육 속에 있는 혈관이 더욱 수축되어 혈액순환이 적게 이루어지게 되고 이에 따라 에너지 공급이 줄어든다.
- 통증을 일으키는 물질이 더 많이 분비되어 대뇌신경을 더 강하고 더 많이 자극하여 통증이 심해진다.
- 통증과 관련하여 스트레스를 많이 받으면 뇌의 많은 신경이 이에 관련되면서 예민해진다. 손상된 신경의 센스가 자극을 받아 작동되면서 뇌의 신경을 건드리기 때문에 통증이 발생된다. 따라서 스트레스를 적게 받고 고민을 많이 하지 않으면 통증을 약하게 느끼고, 스트레스를 많이 받아 고민을 많이 하면 통증을 심하게 느끼게 된다.

5

급성 통증과 만성 통증

사람은 기본적으로 쾌락을 추구하고 고통을 회피하려는 동기를 가지고 있다. 임상 장면에서는 신체적 고통을 통증이라고 한다. 통증을 일으키는 원인은 매우 다양하지만 일차적으로 신체적 손상과 밀접한 관계가 있다. 그러나 실제 임상 장면에서는 신체적 원인이 없는데도 통증을 호소하는 사례, 신체적인 손상이 적은데도 통증을 심하게 호소하는 사례, 신체적인 손상은 심한데도 통증을 약하게 호소하는 사례 등 매우 다양한 사례가 있다. 이는 신체적 손상 이면에 심리적인 원인이 작용하기 때문이다.

통증 연구자들은 신체적 원인과 들어맞지 않는 통증을 이해하기 위하여 많은 연구를 하고 있으나, 통증의 복합적 현상 때문에 일치된 견해를 보이지 못하고 있다. 왜냐하면 통증은 하나의 감각 경험인 동시에 뇌에서 통제하는 정서적 · 인지적 현상으로 구성된 심리적 경험의 총체이기 때문이다.

통증은 손상 자극에 감정이 더해지고 그것을 뇌에서 해석하여 생기는 것이다. 다치기는 하였지만 그 다친 것에 대해 화가 심하게 나거나 신경 쓰이게 하는 사건이 있었다면 통증의 정도는 더욱 심할 것이다. 특히, 다쳤을 때 감정적인 요소가 많이 개입되지 않으면 급성 상태에서 치료를 마칠 수 있지만, 반대로 감정적인 요소가 많이 개입되어 머리가 복잡해지면 통증이 오래가면서 만성화된다.

국제통증연구협회(IASP, 1986)에서는 통증의 복잡성을 인정하여 통증을 "실제 혹은 잠재적인 조직 손상과 관련이 있거나 그러한 손상으로 인한 불쾌한 감각 및 정서적 경험이다."라고 정의하고 있다.

그리고 치료가 기대되는 시점인 3개월을 기준으로 통증을 급성과

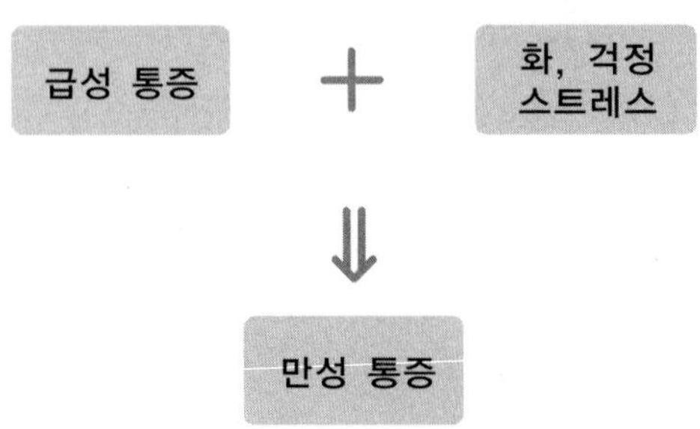

만성으로 구분하고 있다.

급성 통증

급성 통증은 다쳐서 조직의 손상이나 파괴가 있을 때 나타나는 경고성 신호로서 관리를 하고 적절한 조치를 취하라는 보호적인 의미를 가진다. 이때에는 원인을 잘 찾아서 약물과 수술 처치를 하면 어렵지 않게 효과를 볼 수 있다.

급성 통증에서 만성 통증으로 넘어가는 과정에는 심리적인 요소가 개입된다. 신체적인 손상으로 인해 다양한 불안 증상을 경험하게 되는데, 이에 대한 적절한 조치를 취하거나 감당할 수 있으면 만성 통증으로 넘어가지 않는다. 또한 통증에 대한 이해와 함께 앞으로의 과정을 예측할 수 있으면 만성 통증을 예방할 수 있다.

만성 통증

급성 통증 발생 시 손상에 대한 두려움을 가지거나 통증 관련 문제에 대한 긴장, 불안, 우울과 같은 심한 부정적인 정서 상태를 경험하게 되면 만성 통증 상태로 변환된다. 이때 경험하는 부정적인 정서 상태가 심할수록, 또 지속적일수록 통증 상태는 더 오래 유지된다.

만성 통증 치료는 아픈 부분에 약물이나 수술 처치를 해도 잘 낫지 않는데, 이때에는 통증을 줄이는 의학적 처치뿐만 아니라 스트레스나 심리적 문제를 다루는 심리학적인 개입, 재활운동 등의 복합적인 접근을 해야 한다.

만성 통증 상태에서는 생각, 기분, 행동, 신체 상에 부정적인 변화가 일어나며, 이 네 가지 요소는 밀접하게 서로 영향을 미친다. 또한 수면장애, 식욕장애, 사회적 및 심리적 위축, 우울, 불안, 건강염려증, 신체적인 문제에 집착하는 과민반응도 나타난다. 이런 상태에서는 객관적인 신체 조직의 손상이 없어도 통증을 느낀다.

통증과 관련된 부정적인 생각을 하면 기분이 처지고 행동이 위축되며 몸에 좋지 않은 변화가 일어나 병이 생기며 통증이 만성화된다. 따라서 신체 손상을 입었더라고 부정적인 생각을 줄이고 긍정적인 생각을 많이 해 만성 통증으로 넘어가지 않도록 주의해야 한다.

6

만성 통증 환자의 발달과정

만성 통증의 발병은 정확하지 않은 정보를 근거로 한 환자의 비효율적인 심리적 요인의 작용에서 비롯된다. 처음 2개월 내의 급성기에는 신체활동이 줄어들고 약물 의존이 높아지며, 의사의 도움을 많이 받고자 한다. 그렇지만 이 기간이 지나면 환자는 자신의 활동유형을 크게 조절하고 약물의 사용을 망설인다.

6개월 이상의 만성 단계로 접어들면 환자의 활동은 눈에 띄게 감소하고 다시 약물에 의존하는 경향을 보인다. 또한 다양한 통증 치료의 실패 경험 때문에 이 의사 저 의사를 찾아다니며, 가정이나 일에서 완전히 손을 놓는 무활동의 심리적 특징을 나타낸다.

처음 다쳤을 때 나타나는 통증은 신체 내 경고로서 작용하여 휴식을 취하고 적절한 치료를 빨리 받으면 회복될 수 있지만 적절한 치료를 받지 못하고 만성으로 진행되면 이 통증은 환자의 심리상태와 밀접하게 관련되면서 그 정도가 심해지고 다양화된다.

환자는 통증의 본질을 충분히 알지 못해 통증 자체에 대한 이해보다는 이차적인 문제에 집착하기가 쉽다. 따라서 자기 내부에서 일어나는 불합리한 심리적 과정에 대해 민감하게 반응한다. 이러한 요인이 지속적으로 스트레스를 유발시킨다.

환자는 통증을 경험하면서 전문가가 아닌 주변의 비전문가나 다른 환자에게 부적절하고 부정확한 정보를 얻는다. 이 때문에 환자는 합리적이고 효율적인 치료와 대처를 하지 못한 채 잘못된 방향으로 가게 되면서 개인 생활마저도 병적으로 빠져든다.

요양기간이 길면 길수록 환자 본인은 치료를 한다고 하지만 무의식적으로는 통증에 적응하려는 병적인 행동을 많이 드러낸다. 환자 스스로는 잘 깨닫지 못하는데 후에 이를 알 때쯤이면 이미 신체와 정신 건강에 큰 손상을 입은 경우가 많다. 이때는 회복하고 재활하는 데 엄청난 노력과 에너지가 필요하고, 도중에 포기하는 사람이 많고, 종종 재발한다. 이를 극복하기 위해서는 우선 통증을 정확하게 이해한 후 이를 바탕으로 통증을 극복하려는 적극적인 태도를 가져야 한다.

이런 태도를 기르는 것은 혼자 힘만으로는 힘들므로 전문가의 도움과 주변 사람의 지속적인 관심과 정성이 함께 이루어져야 한다.

7

출산과 통증

통증과 신경(마음)의 관계를 여성이 경험하는 출산 통증을 예로 들어 설명하고자 한다. 여성의 출산 통증과 신경계(마음)의 작용에 관한 과정은 아주 복잡하지만 여기서는 단순하게 설명한다.

여성의 출산통증은 인간 고통의 원형이다. 여성은 일찍부터 출산에 대해 고통, 통증 등의 성질을 배우고 기억해 왔기 때문에 출산이라고 하면 고통과 통증을 우선 머릿속에 연상한다. 이러한 출산과 관련한 좋지 못한 기억이 출산 과정 속에서 엄청난 불안을 야기시킨다.

원래 통증은 신경계의 센서가 자극을 받으면서 시작한다. 그렇지만 자극이 더 이상 주어지지 않으면 그 신경은 흥분이 점차 수그러지면서 아픔이 줄어든다.

3.4kg가량 되는 신생아가 여성의 좁은 출산 통로를 통과하려면, 그것이 아무리 탄력이 있다고 할지라도 처음에는 찢어질 수밖에 없다. 그러면 신경 센서가 자극을 받아 흥분을 하기 때문에 통증을 일으킨다.

머릿속에는 산통이 지독하다는 정보가 꽉 차 있고, 아프기 시작하니까 이러한 부정적인 정보가 뒤따라 작동하기 시작한다. 아프니까 두려움이 앞서고 심한 공포감이 엄습하면서 신경이 극도로 흥분을 한다. 그 신경의 흥분으로 인해 출산 통로 주변의 근육은 급격하게 수축을 하면서 좀처럼 넓어지지 않는다(원래 구조적으로 충분히 넓어지게 되어 있다). 신생아는 나와야 하는데 좀처럼 넓혀지지 않으니까 통증이 더 심해진다. 통증이 심해지니 산통과 관련된 부정적인 생각과 감정이 머릿속을 더 많이 스쳐 지나가고 출산 통로 주변을 조절하는 뇌신경들이 더 흥분을 하면서 출산 통로 주변의 말초신경에 명령을 내린다. 그 명령에 따라 근육이 더욱더 긴장되면서 수축되고 동시에 배 속의 아이는 나오지 못하니 고통이 더 커질 수밖에 없다.

출산 경험이 두세 번 정도 있으면, 통증을 덜 느낄 수 있다. 이때는 출산에 대한 두려움이 줄어들어 신경을 덜 흥분시키기 때문이다.

요즘 이런 기본적인 통증의 원리를 알고 있는 산부인과 의사는 산모에게 출산 전에 신경의 긴장을 완화시키는 호흡법(라마즈 호흡법, 라마즈 분만법)을 가르치면서 통증을 줄이려고 한다.

얼마 전 TV에서 방영한 〈마음〉이라는 특집 프로그램에서 고통 없이 분만하는 법을 방송한 적이 있다. 그 원리는 근육을 조절하는 것은 신경이므로 신경을 안정시키는 명상(복식호흡)을 통해서 출산의 고통을 줄이는 것이었다. 실제로 명상(복식호흡)을 하면서 출산을 하는 산모는 크게 고통스러운 모습을 보이지 않았다.

명상에 익숙한 사람은 명상을 하는 동안 신경을 안정시킬 수 있다. 따라서 명상 상태에서는 출산 과정의 공포에 빠지지 않고 명상을 지도하는 사람의 안내에 따라 복식호흡을 하면서 마음을 안정시킬 수 있다. 이러한 마음의 안정으로 출산 통로의 근육을 긴장시키지 않게 되니 자연스럽게 출산을 하면서 고통에서 벗어날 수 있는 것이다.

8

근골격계는 신경이 지배한다

우리 몸의 모든 신체 부분은 뇌신경의 지배를 받는다. 우리가 손가락 하나 까닥하는 것을 예로 들어 보면, 손가락이 움직이는 것을 겉으로만 봤을 때는 뼈와 그것을 둘러싸고 있는 근육들이 움직이는 것처럼 보이지만 이러한 뼈와 근육을 움직이게 하는 것은 신경이다. 즉, 손가락에 있는 말초신경들이 뇌신경의 명령을 받아 손가락을 움직이는 것이다.

뇌졸중으로 뇌신경이 손상된 환자들이 하반신 마비로 잘 걷지 못하는 경우를 자주 본다. 다리에 마비가 일어난다는 것은 다리 근육

속에 있는 말초신경의 작동이 잘되지 않는다는 것이다. 다리 근육을 조절하는 뇌신경에 문제가 발생하여 다리에 퍼져 있는 말초신경을 조절하지 못하게 되면서 걷는 동작이 자연스럽게 이루어지지 않는다. 이처럼 우리 몸의 신체 각 부분에는 말초신경이 있어 이것이 뇌신경이 조절한다.

또 다른 예는 축구 경기의 페널티 킥에서 찾아볼 수 있다. 다리와 발의 근육, 그리고 관절을 조절하는 것은 신경이다. 페널티 킥을 찰 때 선수는 '이 골을 넣지 못하면 나는 역적이 된다'는 생각을 순간적으로 한다. 이때 신경이 흥분을 하고 다리, 특히 발의 근육을 경직시키면서 볼에 발을 정교하게 맞추지 못하거나 지나치게 힘이 들어가게 하여 공은 엉뚱한 방향으로 날아가게 된다. 이때 선수들은 대부분 발을 쳐다보지만 사실은 자기가 순간적으로 한 생각을 들여다보아야 한다. 즉, 근골격은 신경이 조절하는 것이기 때문이다.

특히, 인간의 심리에 아주 예민하게 영향을 받는 것이 골프다. 골프 선수가 볼을 치는 짧은 순간에 무슨 생각을 하느냐에 따라 공이 아주 엉뚱한 방향으로 날아갈 수도 있다. 특별히 부담이 되는 생각을 하지 않으면 근육이 자연스러운 상태에서 활동을 하여 자기 의도대로 공을 보낼 수 있지만 부담스러운 생각이나 긴장을 하면 근육이 경직되어 자기 의도대로 공이 나가지 않고 딴 방향으로 간다. 그렇기 때문에 골프 선수는 주의집중을 하기 위하여 호흡 조절법이나 명상 수행을 많이 배우고, 심리학자의 도움을 받으면서 집중력 연습을 많이 한다. 이처럼 인간의 근육과 뼈를 조절하는 것은 신경이고 몸의 곳곳에 퍼져 있는 말초 신경을 조절하는 것은 뇌신경과 같은 중추신경이다.

9

가벼운 근골격계 문제

여기에서는 명절 증후군과 관련하여 근골격계 문제를 설명하고자 한다.

명절이 다가오면 매스컴에서 어김없이 되풀이되는 여성을 자극하면서 주부와 남편을 힘들게 하는 말이 있다. 다름 아닌 주부의 '명절 증후군' 이다.

'명절 증후군' 에는 신체적인 근골격계 문제 그리고 생각과 기분 같은 심리적인 문제가 포함된다. 기본 문제는 명절에 일을 집중적으로 많이 하여 팔다리와 허리, 기타 신체 부분의 근육 사용량이 많아지면서 발생된다. 그러다 보면 자연히 팔다리와 허리 등에 무리가 가고, 근육이 뭉치면서 통증이 심해진다.

여기서 생각해 볼 문제는 일의 많고 적음을 떠나 명절 증후군을 심하게 경험하는 사람과 약하게 경험하는 사람, 심하게 아파하는 사람과 가볍게 스쳐 지나가는 사람이 있다는 것이다. 이 문제에 대한 답을 찾기 위해서 근육을 빨리 피로하게 하고 뭉치게 하는 원리가 무엇인지 알아야 한다.

기본적으로는 근육을 빨리 피로하게 하고 뭉치게 하는 것은 근육이 움직일 때 근육 내에 분비되는 젖산이라는 물질이다. 그렇지만 근육과 관절을 조절하고 피로와 관련하여 분비되는 물질의 조절은 신경활동과 관련된다.

우리 뇌가 어떻게 작용하느냐에 따라 근육의 피로와 그와 관련된 물질이 분비하는 정도를 다르게 할 수 있다. 즉, 우리가 어떤 생각을 하고, 어떤 정서 또는 기분을 갖느냐에 따라 근육의 피로와 뭉침 및 아픔의 정도가 다르게 나타날 수 있다.

실제로 심리적으로 부담이 되는 생각을 하거나 부정적인 생각을 하게 되면, 신경이 긴장하면서 피의 농도를 짙게 하여 혈액순환을 방해한다. 혈액순환이 원활하게 이루어지지 않으면서 신경에 에너지 공급이 줄어든다. 그러면 신경의 조절을 받는 근골격계가 원활히 작동되지 않으면서 뭉침과 피로가 빨리 일어난다. 근골격계의 기본적인 문제는 이렇게 발생되는 것이다.

요약하면, 명절 증후군은 일을 하는 데 심리적 부담이 되는 생각을 많이 하거나 기분이 좋지 않은 상태에서 일을 하여 스트레스를 많이 느끼게 되면서 신경이 흥분되어 생기는 문제다. 혈액순환도 잘 시키지 못하고, 나아가 근육을 피로하게 만들면서 통증을 유발시키는 것이므로 주부가 명절 증후군을 더 적게 느끼려면 명절 전에 생각을 긍정적으로 가지려고 노력하고, 일을 하는 도중에도 일이 많다거나 도와주는 사람이 없다고 짜증을 내지 않고 기분이 좋은 상태에서 즐겁게 일해야 한다. 명절 증후군을 줄이기 위한 좀 더 구체적인 내용을 살펴보자.

내 마음 상태를 살펴본다

일하는 중에 자신이 심리적으로 짜증을 부리고 있지는 않는지 확인하면서 자기 마음을 가다듬어야 한다. 일하는 동안에 머릿속으로 좋지 않은 생각을 가지면 혈액순환이 잘되지 않아 결국 몸이 빨리 피로해진다는 것을 알아차리고 편안한 마음 상태에서 일을 하려고 노력해야 한다.

편안한 상태에서 일을 하기 위해서는 노래를 부르거나 즐거운 대화를 하면서 일을 하는 것이 좋다. 입을 꽉 다물고 어떻게 해서든 빨리 일을 끝내려는 생각을 지니고 있으면 그만큼 피로도가 높아진다. 대신에 일 자체에 즐거움을 느끼고 내가 만드는 음식이 내 가족을 위한 것이라는 생각을 지니고 있으면 부담이 줄어들면서 나름대로 즐거움을 찾을 수 있고 나아가 피로도도 줄일 수 있다.

저녁에 가족끼리 가볍게 걸어 본다

주부가 명절을 맞이하여 음식을 장만하는 데 근골격계 문제를 일으키는 것은 오랫동안 고정된 자세를 유지하면서 일을 하기 때문이다. 예를 들면, 프라이팬에 무엇인가를 부칠 때는 다 부칠 때까지 한 가지 자세를 유지한다. 이런 한 가지 자세를 오랫동안 유지하면 근육이 수축되고 혈액순환이 잘 이루어지지 않으면서 빨리 뭉치고 피로가 쉽게 온다.

문제가 발생하지 않도록 하기 위해서는 수시로 자세를 바꾸어야 한다. 쪼그리고 앉아 일할 때는 일어서서 자주 몸을 풀어야 한다. 다 끝날 때까지 앉아 있지 말고 중간에 일어나거나 자세를 바꾸는 행동을 하도록 한다. 그리고 저녁에 어느 정도 일을 끝낸 후에는 남편이나 가족과 함께 즐겁게 얘기를 나누면서 산책을 하는 것이 좋다. 그러면 정리 운동이 되면서 한결 몸이 가벼워지고 뭉친 부분이 걸으면서 풀려 개운해진다.

가장 가까이 있는 남편의 말 한마디가 중요하다

다음은 가족, 특히 남편이 어떻게 하느냐에 따라 부인의 심리적 부담은 달라질 수 있다. 남편이 '명절 음식은 여자가 하는 것이 당연한데, 뭘 그렇게 호들갑이냐'는 생각을 가지고 있으면, 그 부인은 십중팔구 '명절 증후군'으로 명절을 힘들게 보내기 마련이다. 남편이 이런 생각을 하는데도 부인이 명절 증후군에 걸리지 않는다면 그 부인이 대단히 긍정적인 사람일 것이다.

반면에 '명절만 되면 당신의 정성이 듬뿍 담긴 음식으로 우리 가족이 맛있게 먹고 즐겁게 지낸다', '가능하면 당신을 도와줄게'라는 생각을 하면, 그 영향이 부인에게 은연중에 미쳐 피로를 적게 느끼게 할 수 있다.

남편은 가정의 행복을 위해서 생각을 바꾸어 어떻게 하면 힘든 일을 하는 부인에게 위로의 말을 전할까 궁리해 보아야 한다. 명절이 닥치기 전에 힘이 될 수 있는 말을 전하는 것이 좋은데, 가령 "이번 추석에 당신이 많이 힘들겠네, 애 좀 써 주세요, 내가 추석 끝나면 잘해 줄게요." "일하다가 도움이 필요한 것이 있으면 언제든지 불러요, 나는 영원한 당신의 종이요." 등의 말을 할 수 있을 것이다.

그리고 가끔 휴대폰으로 격려와 사랑을 전하는 문자 메시지를 남기는 것도 도움이 된다. 큰일을 치른 후에 반드시 "여보, 고생했소, 내가 마음은 있었는데, 많이 도와주지 못했소. 오늘 내가 잘해 줄게."라고 해 보도록 한다.

10

신체 문제와 정신 문제

산재 환자가 지니고 있는 통증 문제를 제대로 이해하기 위해서는 신체 문제와 정신 문제의 관계를 알아야 한다.

실제로 장기간 요양을 하고 있는 산재 환자는 우울증 환자는 아니더라도 우울 증상을 종종 보인다.

많은 산재 환자는 근골격계 통증으로 요양하다 그 과정이 장기화되면 복직에 대한 필요성은 느끼지만 현장에 복직하면 일은 힘들고, 재발에 대한 걱정은 앞서고, 재발되면 또 엄청난 통증을 경험해야 한다는 것을 잘 알고 있기 때문에 고민만 하면서 시간을 보낸다. 그러다 보니 기분은 좋지 않고, 잠은 잘 자지 못하고, 혼자 지내고 싶고, 무기력해지고, 의욕이 없고, 부정적인 사고가 지배하고, 생리적으로도 통증이 수반되는 우울증 상태에 빠지게 된다. 이런 상태에서는 제대로 된 치료를 적극적으로 받을 수 없기 때문에 통증이 지속적으로 나타나는 악순환을 겪으면서 장기화 경향을 보이게 된다.

산재로 장기간 요양을 해 보지 않은 사람은 이런 문제를 이해하기 어렵다. 그렇지만 실제 요양을 장기적으로 한 환자들과 상담을 해 보면 100명 중 90명 이상이 이런 상태를 경험했다는 것을 알 수 있다.

자기가 하는 일에 만족을 하지 못하거나 심한 좌절감에 빠지거나 앞으로 나가고자 하는 데 높은 벽이나 장애물이 놓여 있는 사람은 처음에는 심리적으로 긴장되고 불안해진다. 그러다 시간이 지나면서 어떻게 할지 결정을 하지 못하고 무기력감을 느껴 우울증에 빠지기 쉽다.

이런 사람은 매사에 부정적인 사고에 젖어들기 쉽고, 기분이 처지면서 식욕과 활동도 줄어들고 자기 신체에서 일어나는 생리적인 변화에 아주 민감해진다. 또한 마음이 아픈 것은 물론이고 특정한 신체 부분에 통증을 느낀다.

어떤 사람은 특정한 신체 부위(가슴, 배, 다리 등)에 통증을 느끼면서 괴로워한다. 통증이 있는 신체 부위는 개인에 따라 다르지만 대부분 유전적 요인이나 이전 손상으로 인해 약해진 부분이다. 그러면서 병원에 찾아가 진료를 하는데, 대부분 이런저런 검사를 해도 별다른 문제를 보이지 않는다. 이런 상황에서 의사는 간단한 약물만 처방하게 되는데 이때 환자는 약물효과가 떨어지면 다시 증상을 호소한다. 이는 근본적인 치료가 되지 않아 심리적인 불안정 상태가 계속되기 때문이다. 물론 이런 치료로 일시적인 안정을 되찾으면서 통증이 줄어드는 경우도 있지만 환자의 문제는 약물치료와 함께 심리상담을 받아야 근본적으로 해결될 수 있다. 이러한 합리적인 치료를 받지 못해 시행착오를 되풀이하게 되면 결국에는 다른 문제를 일으킬 수도 있으니 주의해야 한다.

그렇다면 신체 문제와 마음의 문제는 어떻게 연결된 것일까? 마음 상태가 편하지 못한 환자가 왜 신체 곳곳에서 통증을 느낄까? 이에 대한 이유를 몇 가지 예를 들어 살펴보자.

아파야 힘든 것을 인정받는다

옛날이나 요즘이나 여성이 결혼을 해서 시집살이를 할 때는 심리적으로 괴로울 수밖에 없다. 할 일은 많고 요령을 부리자니 시집 식구 눈치가 보이고 남편은 자기편에 서서 도와주지 않고 막막하다. 결혼을 해서 같이 살아야겠는데, 앞에 놓인 벽이 높아 무기력해지고 힘이 빠진다. 이런 상태가 지속되면 심리적으로 더욱더 힘들어진다.

그렇다고 힘들다고 이야기할 수 있을까? 방법은 무의식적으로 자기도 모르게 아플 수밖에 없다. 어디든지 아파야 사회에서나 가정에서나 인정받아 쉴 수 있고 도움을 받을 수 있다.

이때 아픈 부위는 유전적으로 약한 부분이거나 이전에 손상된 적이 있거나 현재 약한 부분이다. 이 통증이 발생하기까지는 뇌가 기본적으로 작용하면서 신경계, 혈관계, 근육계, 호르몬계 등이 복합적으로 얽혀 문제를 보인다. 이런 작용 속에서 며느리는 실제 아프게 되는데, 이는 꾀병이 아니다.

이때 근본적인 문제 해결방법은 무엇일까? 꾀병이라고 하면서 윽박지른다고 될까? 실제로 윽박지르면 지금 당장은 참고 일을 할 수 있을지 모르지만 얼마 지나지 않아 또다시 아프거나 더 심하게 통증을 느낄 가능성이 높다. 아프지 않게 하려면 남편이 부인의 입장에서서 이해하고 위로해 주고 다독거려 주어야 한다.

아파야 학교를 가지 않을 수 있다

한 초등학교 아동이 학교에 가서 공부하는 것을 힘들어하고 재미없어한다. 그렇지만 집에서는 결석하는 것을 허용하지 않는다. 이 아동에게는 학교 가는 것이 고역이다. 그렇다고 엄마, 아빠에게 학교가기 싫다고, 학교생활이 재미없다고 이야기할 수 있을까? 이 아동이 학교에 가기 싫은 것을 부모에게서 인정받아 결석하려면 어떻게 해야 될까? 그 방법은 바로 아픈 것이다. 부모도 아이가 아픈데 학교에 억지로 가라고 할 수는 없을 것이다.

이 아동은 꾀병이 아니라 실제로 아픈 것인데 그렇다면 도대체 어디가 아픈 것일까? 이때는 부모에게서 유전적으로 약하게 물려받은 신체 부분이나 약하지는 않지만 다른 사람이 아파하는 부분을 관찰한 그 신체 부분이 아플 가능성이 높다. 이와 같이 아동이 행동하는 데는 여러 가지 심리적인 측면이 작용한다.

이런 아이를 소아과에 데려가서 응급처치를 하면 일시적으로는 약물의 힘에 의해 통증이 가라앉을지 몰라도 근본적인 심리 문제가 해결되지 않았기 때문에 시간이 지나면 재발한다. 이때 재발을 반복적으로 하다 보면 나중에 더 큰 복합적인 문제가 일어날 수 있다.

가령, 부모가 아동의 심정을 이해하지 못하고 억지로 학교에만 보내려고 하면 아동은 부모를 속이고 옆길로 샌다. 이러한 문제를 합리적으로 해결하려면 전문가의 적절한 심리학적 개입이 있어야 한다. 전문가와 상담을 하여 아동이 학교에 가지 않으려고 하는 근본적인 이유를 찾아서 대처해야 한다.

아파야 조금이라도 쉴 수 있다

현재 근골격계 산재 환자도 마찬가지다. 명확하게 머릿속으로 아파서 좀 쉬어야지 하는 생각을 가지는 환자는 별로 없다. 그렇지만 본인은 그런 생각을 표현하지 않는다 할지라도 마음 깊숙한 곳에서는 쉬고 싶은 생각이 자리 잡고 있다. 개개인에 따라 차이가 있겠지만 일을 하면 기본적으로 근골격계 문제를 지니게 된다. 이것이 일차적으로 통증을 유발시킬 수 있는 요인인데 산재요양 또는 치료 과정에서 전문가의 적절하고 합리적인 개입이 없거나 늦으면 문제점이 대두되면서 심한 통증이 지속적으로 유발될 수 있다. 요양이 장기화되면 신체적으로 원래 아픈 부위는 많이 회복되더라도 여전히 통증은 계속된다.

왜 그럴까? 산재 환자는 대부분 이런 상황에서 여러 가지 생각을 하게 된다.

사는 것이 사는 것 같지가 않다. 복직은 해야겠는데, 현장에 들어가서 일하는 것이 겁이 난다. 힘들고 재발할까 봐 두렵고 불안해진다. 이러지도 저러지도 못하고 고민이다. 주변에서는 환자 취급을 하지 않는다. 실제로 아프고 통증이 있는데, 회사나 가족은 이를 이해하지 못한다. 나만 고민이고 나를 이해해 줄 사람은 아무도 없다.

환자는 아팠다 아프지 않았다 하니 어찌할 바를 모르고 갈팡질팡하게 되는데 이런 환자가 과연 꾀병을 부리는 것일까? 꾀병이 아닌데 꾀병이라고 하니 기본적인 신뢰가 형성되지 못해 이런 장기 요양 환자는 더욱 힘든 상황에 직면하게 된다. 이들은 어떻게 치료해야 할까?

스트레스 해소 방법 팁 ❸

설거지할 때는 설거지만 하라.

설거지는 주로 여성이 담당하고 있다. 여성이 하든지 남성이 하든지 설거지는 할 수밖에 없다. 마음먹기에 따라 여성은 일상생활 속에서 설거지를 할 때 스트레스를 덜 받으면서 할 수 있고 남성은 설거지를 하면서 스트레스를 풀 수 있다. 설거지는 단순한 일이기 때문에 사람들은 설거지를 하면서도 잡다한 생각을 한다. 이렇게 하면 설거지 자체가 일이 되고, 어떤 때는 짜증이 나기도 하고 하기 싫어진다. 그렇지만 설거지를 하면서 여러 가지 생각을 잠시 잊고 설거지 자체에 집중을 하다 보면 일이 아니라 몸과 마음을 이완시킬 수 있는 수단이 될 수도 있다. 설거지를 할 때 그릇을 물에 적시고, 수세미에 세제를 묻혀 거품을 일게 하고, 거품이 손에 닿는 느낌을 의식해 보라. 그리고 그릇을 문지르고 물에 씻어 내리는 작업을 할 때 각각의 작업 그 자체에 집중을 하면서 느낌을 가져 보라. 설거지를 할 때 설거지 그 자체에 느낌을 가지면서 단순하게 하면 귀찮기만 했던 일이 명상이 되는 놀라운 경험을 할 수 있을 것이다.

이왕 해야 하는 거라면 이렇게 설거지 명상이 되도록 집중하면 설거지를 짜증내지 않고 즐겁게 할 수 있다. 여성의 경우에는 설거지가 고역이 되지 않을 수 있으며, 남성의 경우에는 설거지가 부인을 도와줄 뿐만 아니라 돈 들이지 않고 스트레스를 풀 수 있는 한 방법이 된다. 물론 처음부터 자연스럽게 할 수는 없겠지만 몇 번 하다 보면 어렵지 않게 할 수 있을 것이다. 이런 생각을 가지고 실천을 시도해 보는 것이 중요하며, 반복해서 하다 보면 시간이 지나면서 자기를 조절할 수 있는 기법 한 가지를 가질 수 있게 될 것이다.

마음상태에 따라 몸속에도 변화가 일어난다.
마음(생각), 기분, 행동, 신체는 서로 영향을 미친다.
그중에서 마음을 우선 바로잡아야 나머지 요소를 조절하기 쉽다.

5장 마음이 신체를 조절한다

1

피를 보고 나서 통증을 호소하다

현장에서 작업을 하다가 한 근로자의 발등에 커다란 쇠뭉치가 떨어졌다. 많은 동료가 보고 있었고, 그들은 빨리 병원에 가 보라고 소리쳤다. 그런데 다친 당사자는 아무렇지 않다며, 병원에 갈 필요가 없다고 고집을 부렸다. 그의 행동을 보면 정말로 아픈 데가 없는 것 같기도 했지만 보건 전담자가 강요하다시피 하여 병원에 가게 되었다.

그런데 병원에 도착해서 안전화를 벗으니 피가 흥건하게 고여 있고 양말을 벗자 살점이 떨어져 나가 뼈가 하얗게 드러나 보였다.

이것을 보자마자 환자는 덜컥 겁이 났다. 그는 그때부터 아프다고 소리를 질렀다. 문제가 없다고 큰소리치던 사람이 병원에 도착해서 살점이 떨어져 나간 발을 보자마자 마음 상태가 갑자기 변한 것이었다.

그는 통증이 있기는 했지만 대수롭지 않다고 여겼고 상처는 보이지 않았기 때문에 이 환자의 신경은 자극되지 않았다. 그렇지만 상처를 보고는 겁이 나자 긴장되면서 신경이 급격히 흥분되었고 이에 따라 통증을 유발시키는 화학적 물질이 몸에서 많이 분비되면서 통증을 더 심하게 느끼게 했던 것이다.

통증은 마음 상태와 생각에 따라 심하게 느낄 수도 있고 약하게 느낄 수도 있다. 피는 스트레스를 유발시키고 몸과 마음을 긴장시키며 통증을 심하게 느끼게 한다. 어른이나 아이나 피를 보면 마음이 약해지는 것은 똑같다.

2

의사의 말 한마디에 갑자기 목이 경직되다

대수롭지 않게 생각하고 검사나 받아 봐야겠다는 생각으로 병원에 들렀던 사람이 의사에게서 "왜 이제야 왔느냐, 미련한 곰이냐?" "이런 상태에서 어떻게 참고 일을 했느냐?" "상태가 매우 좋지 않다. 하는 데까지 해 보겠지만 책임은 지지 못한다." "지금 당장 수술을 하지 않으면 몸이 마비된다." 등의 말을 듣게 되면 대단히 당황할 수밖에 없다. 의사가 던진 이런 부정적인 말에 환자는 어찌할 바를 모르고 잠도 자지 못한 채 밤낮으로 고민에 고민을 한다. 이런 상태에서 계속 지내다 보니 목이 아팠던 사람은 목덜미가 조이거나 마비된 느낌을 받고, 허리가 좋지 않았던 사람은 허리가 조이거나 다리가 마비된 느낌을 받게 된다.

어떤 환자는 의사의 부정적인 말 한마디로 인해 그 당시에 얼마나 겁을 먹고 걱정을 했던지 치료가 끝나는 시점에서도 분노감을 가라앉히지 못하고 그 의사에 대해 극단적인 표현까지 하였다. 그는 말 한마디로 인해 생긴 엄청난 충격과 불안, 걱정 때문에 신경이 갑자기 흥분하고 긴장하여 근육이 경련을 일으키면서 마비 증상까지 겪었던 것이다.

의사의 말 한마디는 환자의 심기를 건드려 긴장은 물론 신체적인 문제를 일으킬 수 있으므로 환자의 충격을 최소화하는 방향으로 의사의 조언이 이루어져야 한다.

3

생각에 따라 신선한 우유를 마시고도 구토를 한다

일전에 마음의 상태가 생리적 변화에 어떠한 영향을 미치는지 실험을 통해 알아본 TV 프로그램이 있었다.

실험 내용은 우유 마시기와 관련된 것으로, 미혼 여성을 대상으로 신선한 우유를 평가하는 내용이었다. 실험 참가자 중에는 실험자와 짜고 실제로는 신선한 우유인데 마치 상한 우유를 마셔 구토 증세를 보이도록 약속한 실험협조자가 있었다.

우유를 마시는 과정에서 실험협조자의 구토 증세를 본 나머지 참가자는 처음에는 특별한 반응을 보이지 않다가 계속 우유 맛에 의심하는 모습을 보이더니 서서히 생리적 거부 반응을 일으켰다. 그러다가 급기야 실험협조자와 마찬가지로 구토 증세를 보였다.

처음 우유를 접했을 때는 부정적인 생각이 없었는데 옆에 동료가 우유를 마신 후 토하는 모습을 보고는 우유 맛에 대한 생각이 부정적으로 바뀌었고, 이런 부정적인 생각이 맛, 냄새 등의 기능을 지배하는 신경에 영향을 미쳐 생리적 거부 반응을 일으킨 것이다.

이렇게 부정적인 생각은 우리의 생리적 변화에도 영향을 미쳐 신선한 우유를 마시고도 구토 증세를 보이는 신체의 거부 반응을 일으킨다.

4

실제 팔다리가 없는데도 아픔을 느낀다

오래전에 팔이나 다리가 절단된 사람들이 실제로는 없는 팔다리의 잘린 부분에서 전기가 통하거나 아픔을 느끼는 것을 환지통이라고 한다. 환지통은 미국의 군의관이었던 미첼이 처음 명명한 용어인데, 남북전쟁 당시 팔다리가 절단되어 없는 사람들이 절단된 팔다리에서 계속해서 통증이 있다고 보고하는 것을 관찰하면서 비롯되었다(김청송, 1977).

이와 같이 환지통은 뇌신경인 인간의 마음 상태와 팔다리가 연결되어 있고, 통증과 같은 이상 감각이 연관되어 있다는 것을 보여 준다. 즉, 뇌신경이 팔다리의 신경과 연결되어 있고 팔다리를 조절한다는 것이다.

그러므로 팔다리의 통증을 관장하는 뇌의 특정 부분이 자극을 받아 기억이 되어 있는 상태에서 실제 팔다리와 자극이 없더라도 생각만으로 팔다리를 관장하는 뇌 부위를 자극하여 통증이 유발될 수 있다.

5
상상임신

상상임신은 실제 임신을 하지 않았는데도 신체 상태나 생리적 현상이 임신하였을 때와 똑같은 양상을 보이는 것을 말한다. 이는 실제 임신이 아님에도 젖가슴이 커지고 배가 불러 오고, 또 입덧을 하고 신맛이 나는 것을 먹고 싶어지는 등 신체 및 호르몬에도 변화가 일어난다. 이런 현상은 남녀 모두에게서 나타날 수 있으며 주위에서 종종 이런 증상을 보이는 사람들을 만나 볼 수 있다.

예를 들어, 결혼을 했지만 아이가 없는 여성이 너무나 오랫동안 간절하게 임신을 바랄 경우, 뇌 신경에 변화가 일어나면서 이것이 신체 기관 및 호르몬 분비기관에 명령을 내려 생리적인 변화를 일으킬 수 있다.

상상 임신과 반대로, 임신을 했는데도 그 사실을 모르고 생활하다가 임신 말기인 출산 시점에 병원에 가서야 비로소 임신한 사실을 안 경우도 있다. 평상시에 비만 상태여서 신체 변화를 민감하게 받아들이지 않았고 또 임신의 가능성을 전혀 생각하지 못하다 보니 임신 증상을 자각하지 못했던 것이다.

이와 같이 임신과 관련된 생리적 현상도 마음 상태에 따라 변화를 일으킬 수 있다. 즉, 우리 신체는 마음 상태에 따라 많은 영향을 받고 변화를 일으킨다.

6

소화제가 강력한 진통제 역할을 하다

무릎 관절염으로 오랫동안 통증을 호소한 환자들이 있었다. 이들 6명을 대상으로 정형외과에서 간단한 실험을 하였다. 의사는 환자들에게 소화제를 새로 나온 강력한 진통제라고 거짓말을 한 후 그것을 복용하게 하였다. 이때 의사와 환자 간에는 기본적인 신뢰가 형성되어 있는 상황으로 의사가 처방한 약이 진통제라는 것을 전적으로 믿는 환자들이었다.

의사는 환자들이 약물을 복용하는 것을 확인하고 며칠 뒤에 통증이 어떤지 물어보았다. 소화제를 복용했음에도 환자 6명 중 3명은 이전 약보다 효과가 좋아 통증이 많이 줄었다고 하였다. 또 나머지 2명은 비슷하다고 하였고, 1명만이 더 아프다고 하였다.

이는 소화제가 실제로 진통효과를 지니고 있는 것은 아니지만 의사의 말 한마디가 통증에 관여하는 뇌의 신경을 조절하여 소화제에 무릎 통증을 완화시키는 효과를 더해 준 것이다. 이 예에서 우리는 환자가 위약(가짜약) 성분을 모르는 상황에서 의사와 약에 대한 신뢰를 가지면 비록 소화제라 할지라도 신체 내 긍정적인 화학 변화에 영향을 미쳐 증상을 줄일 수 있음을 알 수 있다.

또 다른 예를 들면, 뇌신경 문제로 신체가 떨리고 운동 능력이 없고 근육이 경직되는 증상을 가진 파킨슨 환자에게 의사가 위약을 먹였는데 환자의 팔다리 떨림이 실제로 감소한 경우도 있었다.

이러한 예를 통해 몸과 마음은 서로 분리되어 있지 않고 밀접하게 영향을 미치고 상호작용한다는 것을 알 수 있다. 이렇게 병은 몸과 마음의 상호작용의 결과로, 병은 마음에서 시작하여 몸에 영향을 줄 수 있고 몸에서 시작해서 마음에 영향을 줄 수 있다.

7

마음이 신체 질병과 노화에 영향을 준다

세계적으로 유명한 음악가인 돈 파블로는 90세가 넘어서 신체 조절이 힘든 상태에 있으면서도 자기가 하고 싶은 일에 의지를 불태워 신체를 조절한 일화로 유명하다.

90세가 넘는 음악가가 말년에 류머티즘성 관절염에 걸려 손가락이 오므라들고 뒤틀려 옷도 입지 못하고 피아노 건반도 치지 못하는 상태가 되었다. 그럼에도 그 음악가는 매일같이 규칙적으로 피아노를 치려고 노력해 왔고 그것이 그에게는 기쁨이자 즐거움이었다. 그는 피아노를 연주할 시간이 되면 오직 피아노를 치는 것에만 마음을 집중하였다. 그러다 보면 어느새 오므라져 있던 손가락이 펴지고 옷을 입을 수 있는 상태까지 몸이 호전되었다. 하지만 피아노 연주가 끝나면 다시 손가락이 오므라들고 몸을 꼼짝하지 못하는 상태가 되었다.

또 다른 사례로 슈바이처에 대한 일화가 있다. 알베르트 슈바이처는 어떠한 병에도 가장 좋은 약은 자신이 해야 할 일이고, 여기에 더하여 마음의 여유를 가지고 훌륭한 유머감각을 가지는 것이라고 믿어 왔다. 그는 90세를 넘긴 후에도 평소 일과인 진료와 회진, 많은 힘을 써야 하는 목수일과 무거운 약상자를 운반하는 일 등을 계속하였다. 또한 환자가 보낸 편지에 답장 쓰기, 피아노 연주 등을 즐거운 마음으로 하면서 95세까지 살았다(Cousins, 1996).

이 두 예는 아무리 신체가 병들고 노화되었더라도 마음만 먹으면 자신이 원하는 행동을 할 수 있다는 것을 보여 준다.

미국의 존 홉킨스 대학교 의과대학 교수인 프랭크(Frank, 1975) 박사는 의과대학 졸업식 연설에서 예비 의사에게 인간의 정신을 다루지 않는 질병의 치료는 어떤 것이라도 큰 결점을 갖는다고 언급하였다. 즉, 질병 치료에서는 신체적 요인과 심리적 요인을 통합해서 고려해야 제대로 치료할 수 있다는 것이다.

미국에서는 많은 학자가 마음과 신체의 상호작용, 발병에서의 마음의 역할을 의학계에서 더 많이 강조해야 된다고 주장해 왔다. 실제 미국의 한 대학병원에서는 인간 질병 치료에 정서 문제(뇌)가 중요하다는 것을 인식하고 수십 명의 심리학자가 의사와 같이 일을 하고 있다.

스트레스 해소 방법 팁 ④

섹스할 때는 섹스만 하라.

스트레스를 해소할 수 있는 기본적인 욕구 충족 수단 중 하나가 섹스다. 기혼자는 배우자와 섹스를 하는 것만으로 스트레스를 풀 수 있다. 물론 스트레스가 너무 심하다 보면 섹스 자체를 할 의욕이 생기지 않는다. 그렇지만 스트레스를 감당할 수 있을 정도라면 배우자와 자연스럽게 부부관계를 해 나가면 그 자체로 스트레스를 해소할 수 있다. 사람은 평상시에도 부부관계를 함으로써 스트레스를 해소하고 있는데 이를 깨닫지 못하고 있는 경우가 많다.

부부간 섹스를 할 때는 섹스 그 자체에만 몰두할 수 있어야 한다. 마지못해서 하거나 내일 할 일이나 오늘 회사에서 있었던 일을 생각하면서 수동적으로 하다 보면 별로 재미도 없을 뿐만 아니라 스트레스 해소에도 크게 도움이 되지 못한다. 최소한 1주일에 1회만이라도 배우자와 기분을 충분히 맞추면서 실시해 보면 뇌신경에서 긍정적인 신경전달 물질이 분비되면서 스트레스가 풀리고 건강을 유지할 수 있다.

명심하자! 배우자와 충분히 섹스에 몰입하면서 즐길 수 있는 사람은 건강하고 행복하고 스트레스도 헤쳐 나가고 일도 잘할 수 있다.

마음이 바로 서지 않으면 재활 운동치료를
꾸준히 해내기가 쉽지 않고, 치료 효과도 얻을 수 없다.
운동만 잘해도 많은 것을 해결할 수 있지만 그것이 말처럼 쉽지 않다.

6장 근골격계 만성 통증의 치료

1

만성 통증의 치료 방법

좋은 치료자란 어떤 사람인가에 대해 단적으로 순위를 매긴 일족(一足), 이구(二口), 삼약(三藥), 사술(四術)이라는 말이 있다. 이에 따르면 제일 좋은 치료자는 환자가 아프다고 호소할 때 가장 먼저 달려가서 관심을 보이는 치료자이고, 두 번째 좋은 치료자는 환자가 아프다고 할 때 환자의 입장에서 따뜻한 말로써 위로해 주는 치료자다. 그리고 세 번째는 약을 처방하는 치료자, 네 번째는 수술을 하는 치료자라고 할 수 있다. 어떻게 보면 오늘날 치료 우선순위인 약물이나 수술과는 반대 입장이다.

이러한 순위는 환자를 대하는 치료자의 태도가 중요함을 강조하는 것이기도 하지만 환자의 증상은 마음이 편안해야 잘 치료될 수 있다는 심리적인 요소의 중요성도 알려 주는 것이다.

수술 치료와 수술 외 치료인 보존 치료에 대해 살펴보면 다음과 같다.

수술 치료

만성 통증 환자는 통증 때문에 이미 스트레스를 많이 받아 신경이 예민한 상태로 남아 있기 때문에 척추 디스크 절제술 또는 고정술을 받았다고 해도 통증은 남는다.

- 만성 통증과 수술 처방은 의사의 철학(입장)에 따라 많은 차이를 보인다.
- 수술을 한 후 통증을 심하게 호소하지 않는 환자를 살펴보면 수술 전에 스트레스를 적게 받고 결단력이 있고 신경예민성이 낮은 경우가 대부분이다.

보존 치료(수술 외 치료)

보존 치료는 수술을 하지 않고 물리치료나 운동치료를 하는 경우를 말한다.

일을 하지 않고 안정된 상태를 유지하면서 유산소 운동과 근육강화 운동을 지속적으로 하면 치료 효과가 나타난다. 통증을 심하게 느낄 때는 최소한 1주일에서 1개월 정도 안정을 취해야 한다. 그리고 정상적인 사회활동을 하면서 2개월 정도 지나면 통증에서 많이 회복될 수 있다.

- 보존 치료를 하는 동안에는 스트레스를 받지 않고 신경을 안정시켜야 한다.
- 일정한 유산소 운동을 통해 혈액순환을 돕고 기분을 좋게 하여 신경을 안정시킴으로써 엔도르핀이 분비되도록 한다.
- 운동치료는 개인 수준에 맞추어 아주 낮은 수준에서부터 시작하고 운동 강도는 도중에 중단하지 않고 반복적으로 하면서 점진적으로 높여 가야 한다. 효과를 더욱 높이려면 집단으로 실시하고, 운동 종목이나 운동량을 매일매일 기록하며 실시하는 것이 좋다.

만성 통증 치료는 완치하는 것이 아니라 잘 관리하면서 이겨 나가는 것이다. 통증을 이기기 위해서는 매일 규칙적으로 수행하는 개인적인 치료기법이 있어야 한다. 유산소 운동(마라톤, 걷기, 등산, 수영), 반신욕, 족욕, 요가, 다도, 명상(복식호흡) 중에서 한 가지 또는 몇 가지를 선택하여 꾸준히 실시하면서 자기 관리를 하는 것이 좋다.

통증을 심하게 느낄 때는 1주일에서 1개월 정도 안정을 취하면서 관리를 하면 많이 완화시킬 수 있다. 환자가 자신이 안정을 취하고 있다고 생각하더라도 실제는 그렇지 못한 경우가 많다. 안정을 취하고 있다고 말하는 기간 동안에도 환자는 '혹시 몸이 잘못되지 않을까?' '수술을 해야 되는 것은 아닐까?' '빨리 낫지 않으면 어쩌지?' 등의 생각을 하면서 바짝 긴장을 한다. 그러면 혈액순환이 원활하게 이루어지지 않고 근육을 수축시키거나 당기면서 통증은 지속된다. 단지 일만 하지 않고 있는 것이지 실제 안정은 취하지 못하는 것이다. 이렇게 2주일이나 1개월이라는 시간을 의미 없게 보내는 환자가 많다. 그러는 동안 환자는 점점 더 초조하고 불안해지면서 병원 신세를 많이 지게 되고 결국 병은 장기화된다.

통증은 자기와의 전쟁으로, 통증을 이기려면 긍정적이고 적극적이어야 한다. 긍정적인 사고를 지니고 있어야만 자신이 세운 치료 계획을 지속적으로 실천할 수 있다. 부정적이고 비관적인 환자는 합리적인 치료를 지속적으로 이끌고 나갈 수 없기 때문에 치료효과를 얻지 못하는 경우가 많다.

통증을 치료하는 기간이 길면 길수록 신경이 예민해지기 때문에 통증은 더 심해진다. 따라서 최소한의 치료가 끝나면 동료와 같이 어울려 정상적인 사회생활을 하면서 치료를 받아야 한다.

근골격계 산재 환자는 치료를 '일찍 복직해서 신체적으로는 힘들지만 정신적 고통에서 벗어날 것인가, 아니면 일을 하지 않음으로써 신체적 고통은 우선 덜하지만 정신적 고통을 지속적으로 안을 것인가'를 결정하고 실행에 옮겨야 한다.

2

무릎 통증의 운동치료

무릎 통증과 관련한 진단은 연골파열, 인대파열 등 여러 가지가 있지만 통증의 원리는 비슷하다. 이들 손상된 부분들이 무릎 내의 신경을 자극함으로써 신경이 불균형 상태에 있는 인대나 근육을 당기는데, 이미 탄력이 떨어진 상태에 있기 때문에 통증이 발생한다.

통증을 줄이려면 신경이 자극되어 근육이나 인대를 당겨도 아프지 않을 정도로 운동을 하여 균형상태를 유지하거나 탄력이 있게끔 해야 한다. 아울러 신경이 흥분되지 않도록 안정시켜 접촉이 되어도 자극을 강하게 느끼지 않도록 해야 한다.

이 중 근육에 탄력이 붙도록 운동을 하는 것이 가장 중요한데, 이를 위한 운동법에는 약한 부분을 강하게 하는 운동과 약한 부분이 너무 심해 이를 보충할 다른 부분을 강화시키는 운동이 있다. 자세한 운동 방법은 의사의 처방을 받은 후 물리치료사나 운동치료사의 도움을 받는 것이 좋다.

무릎 통증 환자에게 주로 문제가 되는 것은 관절경 수술을 한 후 몇 주 동안 깁스를 한 상태로 있다 보니 근육이 아주 약해진다는 것이다. 탄력이 극도로 약한 상태에서 운동을 해야겠다는 마음이 앞서 갑작스럽게 힘이 들어가거나 무리한 운동을 하게 되면 근육이나 인대가 손상되면서 통증이 발생한다.

이러한 문제가 발생하지 않도록 주의하면서 점차적으로 탄력성을 높일 수 있는 운동이 수영장에서의 걷기와 자전거 타기다. 수영장에서 걷기를 하여 탄력성을 붙인 후에 자전거 타기를 하고 그다음에 땅에서 걷기를 하면 무리 없이 다리의 탄력성을 높일 수 있다.

수영장에서의 걷기는 물속에서 자연스럽게 걸으면 되고 땅에서의 걷기는 허리와 목을 세우고 양발을 팔자로 벌리지 말고 나란히 하며 걸으면 된다. 걸을 때는 처음에는 자연스럽게 평지를 걷는 연습을 2주 이상 충분히 하고, 차츰 힘이 다르게 들어가는 방법을 적용한다. 걷기를 60분 동안 실시한다면, 10분 정도는 자연스럽게 걷기를 한 다음 중간 정도 빠르게 걷기를 5분 정도 하고 아주 빠르게 걷기를 5분 정도 한다. 그리고 10분 정도는 자연스럽게 걷기를 한다. 이런 과정으로 30분 동안 실시하고 다시 이 순서로 30분 동안 더 실시하는 것이 좋다. 이 걷기 운동을 1개월 정도 충분히 한 후에는 완만한 오르내림이 있는 언덕길을 걷는 것이 좋다. 언덕길을 내려갈 때는 거꾸로 걷는 자세가 필요하다. 왜냐하면 내리막길에서 거꾸로 걷는 것을 연습하면 높은 산에 올라가서 내려올 때 필요한 근육 운동을 할 수 있기 때문이다.

무릎 통증이 있는 환자는 산에 올라가는 것은 참을 수 있지만 내려올 때 아프기 때문에 불안하여 산에 잘 올라가려고 하지 않는다. 산에서 내려올 때 아픈 문제를 해결하기 위해서는 완만한 언덕길에서 거꾸로 내려오는 연습을 충분히 하면 도움이 된다.

또 다른 훈련 방법은 1차적으로 아주 완만한 언덕길을 오르내리는 훈련을 충분히 하는 것이다. 매일 운동을 하여 보름 정도 지나면 약간 더 높은 언덕길을 보름 정도 더 훈련한다. 1개월가량 언덕길을 정상적으로 오르내리는 훈련을 한 후에는 좀 더 높은 언덕길이나 완만한 산을 오르내리는 훈련을 천천히 쉬어 가면서 한다. 이런 과정을 인내심을 가지고 천천히 하다 보면 자신감이 생기고 무릎의 탄력도 늘어나 통증을 줄일 수 있다.

환자가 산에서 내려올 때 힘들고 고통스럽다고 하여 산을 오르내리지 않으면 이를 평생 하지 못하는 상황이 발생할 수 있다. 산에 오르내릴 때 힘든 점이 있다면 보완하여 단련시켜야 한다. 그런 과정 속에서 극복하고 회복할 수 있다.

3

허리 통증의 운동치료

허리 통증이 있는 환자의 운동치료 과정도 무릎 통증 환자의 운동치료 과정과 기본적인 것은 거의 같지만 몇 가지 주의해야 할 사항이 있다.

허리 통증 환자가 마지막으로 실시해야 하는 것은 산을 오르내리는 것인데, 산에 오르기 전에 기본적인 걷기 운동을 충분한 기간 동안 많이 행해야 한다. 걷기 운동 방법은 무릎 통증의 운동치료 과정에서 제시한 것과 동일하다.

충분히 준비가 되었으면 산에 오르는 것을 겁내지 말고 실시한다.

단, 등산을 하기 전에 단계적으로 충분한 준비가 이루어져야 한다. 이때 필요한 것은 다리와 허리 스트레칭을 20분 이상 실시하여 근육을 충분히 풀어 주는 것이다. 산에 오르면서 주로 사용되는 근육과 산에서 내려오는 데 많이 필요한 근육은 다르므로 산에 올라가서 내려올 때는 무릎과 허리를 충분히 다시 한 번 스트레칭하는 것이 좋다. 그래야만 후유증을 줄일 수 있다. 그리고 반드시 등산화를 신고 등산용 지팡이를 지참해야 한다. 이 두 가지는 사고를 예방하는 데 꼭 필요한 준비물이다.

무릎 운동치료든 허리 운동치료든 기본적으로 가져야 할 마음가짐이 있다. 기분이 좋지 않거나 마음이 상한 상태, 또는 생각이 많아 머리가 복잡한 상태에서는 무리하지 말고 조심하는 것이 좋다. 신경이 긴장된 상태에서는 근육 수축이 일어나기 때문에 약간이라도 힘이 불균형해지면 다치기 쉽다. 운동을 해서 오히려 더 다쳤다고 하는 사람은 이런 심리적 불안정 상태에서 준비를 충분히 하지 않고 무리하게 운동을 했기 때문이다.

허리를 충분히 사용하라! 사용하지 않으면 쇠퇴하여 더 큰 문제가 발생한다. 단, 사용하기 전에 충분히 준비과정을 이행하라. 그러나 잘 알면서도 실천을 하지 않으면 어쩔 수 없다.

4

목 통증의 운동치료

경추 디스크 수술을 했든 하지 않았든 목에 통증을 지니고 있는 사람은 다친 직후를 제외하고는 운동을 해야 한다. 목을 돌릴 수 없다면 점차적으로 조금씩 돌리는 연습을 해야 한다. 목이 아프다고 돌리지 않으면 평생 돌릴 수 없게 되어 그 불편함은 이루 말할 수 없다.

목 운동은 다른 부분의 운동만큼 종류가 많지 않은 편이다. 가장 널리 이용되고 있는 운동이 이마와 이마 뒷부분, 양 귀 윗부분을 한 번씩 돌아가면서 엄지손가락을 제외한 네 손가락으로 밀고 동시에 목은 밀리지 않으려고 힘을 주는 방법이다. 또 다른 방법은 슬링치료로서 천장에 줄을 고정시키고 늘어뜨린 후 누워서 목에 걸고 조심스럽게 천천히 좌우로 흔드는 방법이다. 구체적인 방법은 물리치료사의 도움을 받는 것이 좋다.

근육 강화를 위해서는 위에서 소개한 방법을 이용하는 것이 좋지만 그렇지 않고 자연스럽게 수영을 하거나 걷기를 하거나 등산을 하는 등 유산소 운동을 하면 시간이 지나면서 좋아지기도 한다. 그리고 빠르게 걷기의 경우에도 팔다리에만 힘이 들어가는 것 같지만 실제로는 허리와 목 근육에까지 힘이 들어가면서 목 통증 치료에 도움이 된다.

목은 노력하면 돌릴 수 있다. 겁을 먹고 연습을 하지 않으면 저절로 낫지 않으니 서서히 꾸준히 목을 돌리는 연습을 해야 한다. 신체는 여러분이 생각하는 것보다 훨씬 더 유연성이 있으며, 모든 것이 훈련하기 나름이다.

5

어깨 통증의 운동치료

목과 어깨 근육의 신경이 연결되어 있기 때문에 경추 디스크 탈출로 통증이 있으면 어깨에도 통증이 발생하기 쉽다. 목의 디스크가 탈출되어 신경을 자극시켜 목의 근육이 수축되면 연결된 어깨 근육도 당겨지면서 탄력성이 떨어진다. 이런 상태가 반복해서 이루어지면 처음에는 목 근육의 탄력성이 떨어지지만 시간이 지나면서 어깨 근육 또한 탄력성이 떨어진다.

또 다른 어깨 통증은 근육충돌 증후군에서 비롯된다. 어깨 근육을 많이 쓰다 보니 뭉치고, 풀지 않은 상태에서 일을 하면서 계속해서 더 뭉치게 하니 단단하게 굳을 수밖에 없다. 따라서 반력성과 유연성이 떨어진다. 이런 상태에서 신경을 흥분시키면서 근육을 당기니 아픈 것이다.

어깨 통증을 줄이려면 두 가지 작업을 해야 한다. 한 가지는 목과 어깨의 근육을 탄력 있게 만드는 것이다. 신경이 자극되어 목과 어깨의 근육을 수축시키거나 당겨도 탄력 때문에 아프지 않도록 운동을 해야 하는데 처음에는 강도를 아주 낮은 단계에서 시작하여 점차 높여 가야 한다. 그리고 평상시 운동할 때 쓰는 근육 이외에도 다른 근육도 단련시켜야 한다.

또 다른 한 가지는 경추 신경을 덜 자극시키는 이완법을 익혀서 긴장되어 있는 경추 신경을 수시로 가라앉히는 것이다. 신경이 가라앉아야 목이나 어깨 근육이 덜 당긴다.

어깨 통증은 뭉친 부분을 풀고 탄력성과 유연성을 길러 통증을 줄이도록 노력해야 한다. 어깨가 뭉친 상태에서 계속 일하다 보면 굳게 되므로 수시로 풀어 주면서 관리해야 더 큰 문제를 막을 수 있다.

스트레스 해소 방법 팁 ⑤

송장 자세로 드러누워 숨을 깊게 쉬라.

인간의 자세 중 가장 힘이 적게 들어가고 편안한 자세가 송장 자세다. 송장 자세란 사람 시체의 자세로서 반듯하게 등을 바닥에 대고 팔다리는 쭉 펴서 약간 벌리고 손바닥은 위로 향하는 것이다. 시체의 이런 자세는 신체의 모든 부분에 있는 신경이 죽어서 전혀 힘이 들어간 부분이 없을 때 나오는 자세다.

살아 있는 사람이 이런 자세를 취하면 가장 편한 자세가 되면서 이완이 잘되고 스트레스도 잘 풀린다. 이 송장 자세로 천천히 호흡을 하면 자연히 복식호흡이 된다. 복식호흡을 하면 충분한 산소가 뇌에 공급되면서 피로가 빨리 회복되고 스트레스에서 빨리 벗어날 수 있다. 반듯하게 등을 대고 누워서 자는 사람은 잠이 빨리 든다. 이런 사람은 그만큼 산소가 뇌에 빨리 공급되기 때문에 안정이 잘 취해지는 것이다. 생각이 많은 사람은 긴장 때문에 등을 반듯하게 대고 눕는 것이 쉽지 않다.

송장 자세로 평상시에 누워 있지 않던 사람이 이런 자세를 유지하기는 쉽지 않지만 좋다는 것을 인식하고 몇 번 연습해 보면 조금씩 편안하게 이런 자세를 취할 수 있게 된다. 스트레스를 받았을 때 송장 자세를 취해 15분 정도를 자연스럽게 호흡해 보라. 뇌신경에 에너지원인 산소를 충분히 공급해 주게 되면 안정을 되찾기 때문에 호흡을 해 가다 보면 어느덧 편안해지고 스트레스도 풀리는 것을 경험할 수 있다.

근골격계 만성 통증 극복의 답은 여기에 있다
눈 딱 감고 남들처럼 하면 되는데 너무 수술에 목매지 말자.
통증을 극복할 내 나름대로의 방법을 터득할 것인가?
아니면 수술을 하여 보상금은 받지만 평생 장애자로 살 것인가?

7장 사례로 본 근골격계 통증의 극복

1

고민으로 생긴 통증은 그 고민을 해결하면 사라진다

경추 디스크 고정술을 한 환자가 있었다. 이 환자는 목과 어깨가 아프다고 자주 호소하였는데 운동치료를 충분히 한 상태에서도 여전히 통증을 호소하는 빈도가 높았다. 운동과 함께 심리상담을 하였고 차츰 나아지면서 복직을 하였다. 바쁘게 일을 하는 가운데 목과 어깨의 통증은 줄어드는 경향을 보였다. 그런데 기간이 어느 정도 지난 후에 아프지 않던 팔이 갑자기 쑤신다며 치료 상담을 요청하였다.

'왜 목과 어깨는 많이 좋아졌는데 아프지 않던 팔이 아플까?' 이 문제를 두고 환자와 이런저런 얘기를 나누던 차에 다음과 같은 내용을 알게 되었다. 처음에 심리상담을 하였을 때는 그가 자기 모친에 대한 얘기는 꺼내지 않았는데, 나중에 알고 보니 그의 모친이 치매에 걸려 집이 온통 쑥대밭이 되고 이 때문에 신경이 예민해지면서 부인과 자주 싸우게 되어 그동안 마음이 편하지 않았다는 것이다.

그는 치매에 걸린 모친을 두고 어떻게 대처해야 할지 몰랐고, 이로 인해 혼자서 오랫동안 끙끙거리면서 고민해 왔던 것이다. 치매에 대한 교육을 하고 기본적인 처리와 합리적인 대처 방법을 알려 주니 그나마 마음이 가라앉는 듯했다. 불편했던 마음이 가라앉으면서 팔의 통증도 어느 듯 줄어들더니 서서히 없어졌다.

그의 팔 문제는 이렇게 심리적으로 불편한 상태에서 신경이 예민해져 신체의 근육이나 인대를 수축시키는 가운데 평상시 당기는 작업을 많이 하여 취약했던 팔부분이 자극을 받아 통증을 일으켰던 것이다. 이런 경우에는 근본 문제를 해결하여 심리적 안정을 되찾음으로써 통증에서 벗어날 수 있다.

2

자기에게 맞는 일자리라고 생각하면 통증을 느끼지 못한다

환자는 허리 통증을 지속적으로 호소하면서 허리 디스크 수술을 2회 실시하였다. 1회째는 제거술을 하였고, 2회째는 고정술을 하였다. 나름대로 할 수 있는 치료를 거의 다 해 보았지만 통증이 줄어들지 않았다. 그러던 그가 우여곡절 끝에 재활프로그램에 등록하여 치료를 받았다. 그러나 치료를 받는 중에도 계속해서 통증을 호소하였다.

어느 날 그는 재활프로그램에 오지 않았다. 사연을 알아보니 그는 재활치료 중에도 부서 책임자를 만나 복직 후 일자리를 알아보고 있었는데, 자신에게 맞는 일자리가 생겨 빨리 복직하라는 얘기를 회사에서 듣고는 그 길로 재활치료를 중단하고 현장으로 복귀한 것이었다. 그는 다시 현장으로 돌아가면 자신의 몸 상태로 일을 할 수 있을까 하고 밤낮으로 고민하고 있었는데, 자기 몸 상태에 적합한 것으로 보이는 일자리가 생겼으니 대단히 기뻤을 것이다. 며칠이 지나서 그를 만났다. 허리 상태를 물으니 "괜찮습니다. 요즘 통증을 많이 느끼지 않고 일 잘하고 있습니다."라고 하였다.

항상 현장 복직과 관련한 문제로 신경을 곤두세우고 있었던 그는 신경이 예민한 상태로 유지되어 통증이 줄어들지 않았다. 그런데 자기 몸에 적합한 것으로 보이는 일자리를 구하면서 고민은 사라졌고 그에 따라 몸과 마음도 아주 개운해졌던 것이다.

통증은 걱정과 함께 왔다가 걱정이 사라지면 저절로 없어지니 걱정을 줄이고 자기 관리를 하며 준비하면 통증을 이겨 낼 수 있다.

3

분노감정을 가라앉히니 통증이 조절되다

환자는 현장 책임자로서 일찍 보직을 받아 아주 열심히 일했다. 사고로 허리를 다쳤지만 현장에서 일하다 보니 제때 치료를 받지 못했다. 너무나 통증이 심하여 병원에 가니 의사가 "왜 이런 상태를 이때까지 방치하였냐?"라고 다그치면서 치료가 너무 늦었다고 하였다. 그는 통증이 심한데다 치료받으러 나올 때도 관리자와 마찰이 있었던 터라 여러 가지 이유로 화가 났다.

그는 4회에 걸쳐 요추 디스크 수술을 받았고 수술을 한 번 받을 때마다 너무나 힘들고 겁이 났으나 마지못해서 했다. 현장 책임자까지

했던 경력이 있어 어지간하면 빨리 회복하여 복직하고 싶었지만 그것은 마음뿐이었고, 통증이 너무 심하여 아무것도 할 수 없었다.

그는 4년 가까이 병원 생활을 하면서 가장으로서의 권위는 떨어지고 가정생활 자체는 엉망이 되어 심리적으로 아주 고통스러운 나날을 보내고 있었다. 그러나 마음을 털어놓고 얘기할 대상이 없어 고민은 계속해서 쌓여 갔다. 그러던 차에 임상심리전문가가 병원을 방문하여 상담을 하였다. 처음에는 회사 월급을 받고 일을 하는 회사 쪽의 사람이라고 생각하여 거부감을 가졌지만 접촉하는 횟수가 늘어나면서 오해를 풀었다. 차츰 심리적 안정을 되찾으면서 나중에는 스스로 심리상담실을 찾아 도움을 요청하기도 하였다. 개인적인 상담을 여러 차례 하고 재활치료 프로그램에 참여하다 보니 통증이 서서히 줄어들기 시작하였고 꾸준히 노력한 결과 나중에는 현장에 적응하여 제대로 직장생활을 할 수 있었다.

마음속에 원망과 분노감, 불신감이 꽉 차 있는 부정적인 심리상태에서는 신경이 바짝 긴장하여 통증이 줄어들지 않는다. 이때 심리상담을 받으면서 마음속에 얽힌 것을 차츰 풀어 나가면 신경이 안정되고 통증도 줄어든다.

4

마라토너로 나타난 만성 통증 장애 환자

집단 심리치료를 하는데, 한 환자가 어렵게 자기 집안 얘기를 하였다. "아들 놈이 둘 있는데, 한 놈은 심장에 문제가 있고, 다른 한 놈은 정신기능에 문제가 있다." 그는 아주 오랫동안 너무나 힘들고 세상 사는 재미가 없어서 매일같이 퇴근하면 술을 마시곤 하였다. 그러던 중에 엎친 데 덮친 격으로 근골격계 문제로 경추와 요추에 고정술을 하게 되었다. 병원에 입원해 있는 동안에도 좀처럼 자기의 불행을 받아들일 수 없었다.

그러던 중 집단 심리치료를 받으면서 긍정적인 사고가 갖는 위력을 접했는데, 그때부터 서서히 마음의 변화가 일어나기 시작하였다. 결국 자기의 힘든 사정을 받아들이고 자기보다 더 힘든 상황에 놓인 사람에게도 눈을 돌릴 수 있게 되었다. 그러면서 점차 재활치료에도 적극적으로 임하게 되었다.

그는 재활치료에 성공해 복직을 하였고 그 이후로 소식이 잠잠하였다. 그러던 중 지역 마라톤 대회에 나갔다가 놀라운 광경을 목격하게 되었다. 멀찌감치 앞서서 달려가는 사람 중에 바로 그가 있었던 것이다. 나는 정말로 기뻐서 얼싸안고 싶은 심정이었지만 그의 곁으로 조용히 다가가 인사를 하고는 그와 같이 보조를 맞추며 달렸다. 그의 뛰는 모습이 예사롭지 않았고 그는 오르막길도 변함없는 자세와 속도를 유지하면서 달렸다. 나는 무릎이 아파서 같이 달릴 수가 없어 그를 먼저 보냈다.

경기가 끝난 후 그를 만났고 그의 차를 얻어 타고 돌아오면서 많은 얘기를 나누었다. 그는 한겨울 아침에도 새벽 5시에 일어나 동네 주변을 10km 정도 걷고 뛰는 운동을 한 후 집에서 샤워를 한다고 하였다. 그렇게 하고 나면 몸과 마음이 개운해지고, 추위에도 강해지는데, 그런 후에 걸어서 출근하면 생활이 즐겁기 때문에 통증을 거의 느끼지 못한다고 하였다. 그는 이런 생활을 6개월 넘게 한 후 마라톤 하프 종목인 50리 길을 쉬지 않고 2시간 동안 천천히 달릴 수 있었던 것이다.

그는 조용하지만 힘주어 말하였다. “모든 것이 자기 마음먹기에 달렸고, 어떤 생각을 가지고 있느냐에 달려 있는 것 같습니다.” “환자들이 미리부터 겁을 먹고 뛰는 것을 꺼리는데, 욕심내지 않고 자기 상태에 맞게 운동을 지속적으로 한다면 몰라보게 좋아질 것입니다."

나는 그동안 산재 환자 상담을 할 때마다 환자가 지니고 있는 부정적 사고를 긍정적 사고로 전환시키기 위해 많은 노력을 해 왔다. 이 환자의 사례에서 보듯이 행복한 삶은 긍정적인 사고에서 출발한다. 긍정적인 사고를 가지고 지속적으로 노력한다면 이겨 내지 못할 일은 없을 것이다.

또 다른 사례로 산재 상담실에 들러 목에 문제가 있다며 물리치료 처방을 받던 한 남자가 있었다. 그는 어느 날 도저히 아파서 참지 못하겠다고 하면서 MRI를 찍겠다고 고집을 부리더니 개인 비용으로 사진을 찍고는 상담자를 찾아왔다. 의사는 그에게 수술 처방을 내리고 수술을 권유하였는데, 그는 수술을 해야 할지, 운동치료를 해야 할지 결정하지 못하겠다며 상담을 요청하였다.

그는 이전부터 마라톤 클럽에 가입하여 수시로 마라톤에 출전하곤 하였다. 특히 100리 길이 넘는 풀코스에 출전하여 동료들과 같이 뛰기도 하였다. 상담자는 그에게 수술치료와 운동치료 각각의 장단점을 알려 준 후에 최종 판단과 선택은 스스로 결정하도록 하였다.

그러고는 한동안 잊고 있었는데 그를 마라톤 대회장에서 다시 만나게 되었다. 그는 여전히 풀코스에 출전하였다. 평상시에도 집에서 회사까지 걸어서 40여 분 거리를 매일같이 뛰어서 출퇴근을 하던 그는 경추 추간판 탈출증이니 뛰지 말라는 의사의 경고에 처음에는 상태가 악화될까 봐 두려워 아주 조심하였다. 몇 개월을 그렇게 지내던 중 어느 날 목의 통증이 약간 줄어든 것을 느끼게 되면서 자신감을 얻었다. 의심쩍어 하면서 하루 이틀을 보냈는데 정말로 통증이 느껴지지 않았다.

그는 현업에서 열심히 일하고, 1개월에 한두 번 정도는 마라톤 풀코스에 참여하기 위해 전국을 쫓아다니며 바쁘게 생활하고 있다. 그는 이제 통증을 느끼지 않고 정상을 향해 끊임없이 질주하면서 즐겁게 지내고 있다. 수술 대신 운동치료를 택한 그는 마라톤을 통해 재활을 성공적으로 이루어 낸 것이다.

어느 날 상담자 휴대폰으로 문자 메시지가 하나 들어 왔다. 그의 100km 울트라 마라톤 완주 소식이었다. 그는 어느새 마라톤 풀코스를 넘어 울트라 마라톤에 도전하였던 것이다. 대단한 집념이었고 의지였다. 며칠 뒤 심리상담실을 찾아와 그간의 훈련과정과 출전해서 경험했던 것을 술술 막힘없이 쏟아 내었다. 그의 얼굴에서 목의 통증이 전혀 없음을 알 수 있었고, 무한한 성취감과 행복감을 엿볼 수 있었다. 그는 스스럼없이 이야기하였다. "주 종목을 울트라 마라톤으로 바꾸기로 했습니다." 그러면서 나에게도 울트라 마라톤을 권유하며 준비과정을 세세하게 설명해 주었다.

얼마 후 상담자의 휴대폰에는 또 한 번 울트라 마라톤 완주 소식이 입력되었다. 이제 그는 고통스러웠던 경추 디스크에서 완전히 탈출하여 자신의 새로운 인생을 찾아 즐겁게 사는 다른 사람이 되었다.

울트라 마라톤 맨 파이팅!!!

처음에는 겁을 먹어 운동을 꺼리던 환자들이 결국 마라톤 대회까지 나가는 등 꾸준한 노력으로 통증을 이겨 내기도 한다. 이렇게 모든 것은 자기 마음먹기에 달려 있다. 미리부터 겁내지 않고 자신의 상태에 맞게 운동을 지속적으로 한다면 충분히 회복할 수 있다.

5

등산 마니아로 거듭난 만성 통증 장애 환자

환자는 경추 디스크 탈출 진단을 받고 요양을 시작하였고 고정술 승인을 받았다. 그렇지만 수술을 해야 하나, 말아야 하나를 놓고 끊임없이 고민을 하다 결국 수술을 하지 않았다. 그는 고정술을 한 사람들 얘기를 들으면서 수술을 하더라도 통증이 완전히 없어지는 것이 아니며 경우에 따라서는 오히려 더 심해질 수도 있음을 알았다. 그리고 그는 고정술을 하면 운동을 제대로 할 수 없다고 생각하여 수술을 하지 않은 채 요양종결을 하고 복직하였다. 복직은 마지못해서 했지만 통증을 지속적으로 호소하다 보니 부서 관계자와 사이가 나

빠졌고 여러 가지 고민을 하던 차에 심리상담실을 방문하게 되었다.

그는 경추 디스크 탈출 진단을 받는 과정에서 전문의에게서 강한 경고를 받았다. 의사는 심지어 인사를 하는데 상태가 악화될 수 있으니 목례를 하지 말라고도 하였다. 그는 이런 강한 경고에 겁을 먹어 더 이상 운동을 할 수 없었다.

원래 등산을 좋아하던 그였지만 의사의 경고 후에는 등산도 할 수 없었다. 그러다 보니 병원에 입원해 있는 동안 운동을 하지 않고 걱정만 하게 되었고 이에 따라 목은 점점 굳어져 통증이 더욱 심해졌다.

이 환자는 우선 '수술을 할 것인가, 아니면 하지 않을 것인가'와 같은 치료 방향 결정을 해야 한다. 그래서 수술을 할 것인지, 운동을 하면서 점차적으로 치료를 해 나갈 것인지, 수술을 했을 때와 수술을 하지 않았을 경우의 장단점이 무엇인지를 확인하게 하여 수술 여부를 결정하게 하였다. 그리고 통증을 느끼지 않을 때는 언제이고, 통증을 심하게 느낄 때는 언제인가를 확인하게 하였다. 그때 그는 자기가 좋아하는 등산을 하거나 운동을 할 때는 통증을 많이 느끼지 않는다고 하였다. 그리고 통증을 더 심하게 느낄 때는 걱정을 하거나 스트레스를 받을 때라고 하였다.

그의 말을 통해 치료 방향은 정해졌다. 등산을 할 때 통증을 많이 느끼지 못한다고 하였으니 수술은 뒤로 미루고 등산을 하면서 통증을 느끼지 못하는 시간을 많이 가지고 점차 즐기는 시간을 늘리면서 통증에 대한 집착을 버리게 하는 것이었다.

그는 이제 산악회에 가입하여 주말만 되면 전국의 유명한 산을 찾아다니며 통증은 잊고 즐거운 시간을 보내고 있다.

등산으로 근골격계 문제를 극복한 또 하나의 예를 들어 보겠다.

그는 40대 초반으로 3년 가까이 병원에 드러누워 있었다. 상담자가 병원을 방문하였을 때 그는 회사에 대한 불신감과 회사 책임자 및 관리자에 대한 분노감을 강하게 분출시켰다. 그러면서 상담자에게 자신을 자주 방문하지 못하도록 부담을 주었는데, 그럼에도 가끔씩 방문하여 침대 옆에서 몇 마디 말을 나누곤 하였다. 그러던 그가 통증이 여전히 남아 있기는 하였지만 요양 종결을 하고 복직을 결정하였다.

어느 날 등산을 하다 우연히 그를 만났는데, 그는 다른 동료와 함께 등산을 하고 있었다. 다음 날 개인적으로 만나 어떻게 지내고 있는지 물어보니 주말마다 동료와 함께 가까운 산을 오른다고 하였다. 그러는 동안에 차츰 분노감정은 줄어들었고 나아가 허리 통증도 많이 느끼지 못한다고 하였다. 상담 초기에 환자의 취미가 등산이라는 것을 알고 등산을 권유하였을 때 "아파 죽겠는데 무슨 등산이냐."라고 심하게 화를 내던 사람이 지금은 자기 스스로 동료들과 어울려 함께 등산을 즐기면서 허리 통증 문제를 극복하고는 활기 있는 삶을 살고 있었다.

몸이 힘들더라도 자신이 좋아했던 등산 같은 것을 꾸준히 해 보면 기분도 좋아지고 때로는 수술보다 더 빠른 회복을 가져올 수 있다.

6

의사도 포기한 88세 척추장애 환자의 회춘

몇 년 전 신문기사 내용 중 80세를 훨씬 넘은 노인장이 마라톤 풀 코스를 도전하여 성공한 일화가 있었다.

기사의 주인공은 70대 중반에 요추 디스크 탈출을 비롯한 몇 가지 척추 관련 진단을 받은 노인으로, 그 당시 의사에게서 나이가 너무 많아 수술을 할 수 없으니 퇴원하라는 권유를 받았다고 한다.

상심하여 포기했을 수도 있겠지만 그 노인은 절망을 이겨 내고 달리기를 시작하였다. 10년을 넘게 달리기를 꾸준히 하다 보니 통증이 사라짐은 물론 얼굴에 핀 노인의 상징인 검버섯도 사라졌다고 한다.

결국 마라톤 풀코스를 완주해 낸 그는 앞으로는 100세까지도 뛰겠다고 하였다.

대부분의 사람이 며칠 해 보고 힘들고 아프면 몸이 더 망가진 것이 아닌가 하는 부정적인 결과를 떠올리면서 포기해 버리는 경우가 많은데, 그는 힘들어도 꾸준히 달렸다. “달리다 보니 재미가 붙었고 나아가 통증도 줄어드는 느낌이 들어 자신감을 가지게 되면서 더욱 열심히 달렸다.”라는 그의 말에서 보듯이 긍정적인 생각을 가지고 적극적으로 노력한다면 나이가 들고 병원에서 포기하더라도 건강한 모습을 되찾을 수 있다.

해내야겠다는 의지를 가지고 꾸준히 어려움을 물리치며 나아갈 때 나이와 통증을 잊고 건강한 생활을 할 수 있다.

7

웃음은 만병통치약

미국의 노먼 커진스(Norman Cousins)라는 의학 전문기자가 500명 중에 한 명도 생존이 어려운 불치병에 걸렸다. 그는 살기 위해 몸부림쳤고 그가 알고 있는 의학 지식을 총동원하여 치료에 전념하였다.

그는 의학 전문기자 생활을 하며 긍정적 사고를 비롯한 긍정적 요소가 가지는 잠재력을 잘 알게 되었다. 긍정적인 요소의 극치가 무엇일까를 생각하다 그것이 바로 웃음이라고 결론을 내린 그는 입원한 상태에서는 크게 소리 내어 웃을 수가 없어 그 당시 입원비와 비슷한 비용이 드는 호텔에 묵으면서 코미디 비디오테이프를 보며 마음껏 소리 내어 웃었다. 또한 비타민 C가 만병통치약이라고 믿고 주치의와 협의하여 엄청난 양을 주사하였다. 쾌적한 호텔로 옮겨 마음껏 웃고 비타민 C를 주사 맞는 것으로 모든 치료를 대신한 것이다. 물론 주치의와 협의하여 진행하였고 주치의도 이러한 치료 원리를 수용하였다(Cousins, 1996)

이 이야기는 불치병 환자가 많이 웃고 긍정적인 태도를 가짐으로써 치료하기 힘든 병도 극복할 수 있다는 것을 보여 주는데, 이 외에도 불치병으로 죽음을 선고받고도 의학적 처치 외에 자기 관리를 잘하여 회생하는 경우를 우리는 주위에서 종종 접할 수 있다. 이러기 위해서는 자기 문제에 대한 냉철한 분석과 최선을 다하는 노력이 필요하다. 그런 가운데 평소에 가지고 있던 욕심을 버리고 강한 집착에서 벗어나 아주 편안한 상태를 유지해야 하는데 그렇게 하면 몸이 알아서 서서히 변화를 일으킨다. 이렇게 인간 질병은 어떤 것이라도 신체와 마음이 상호작용하여 영향을 미치며, 질병 치료에서 우선적으로 희망을 가지고 마음을 다스려야 극복할 수 있다.

웃음은 만병통치약이다. 마음속에서 우러나오는 큰 웃음은 집 밖으로 나가지 않고도 마치 힘껏 조깅을 한 것과 같다. 웃음은 누워 있는 사람에게 내적인 운동을 제공하는 것은 물론 다른 긍정적인 정서가 작동할 수 있도록 분위기를 만들어 주기 때문에 중요하다.

8

꾸준한 걷기로 통증을 줄이고 예방하다

조선소에서 현장 업무를 20년 넘게 하고 있는 한 남성이 있다. 그는 디스크 탈출 관련 수술을 받도록 승인받았지만 수술을 포기하고 일찌감치 병원치료를 종료한 후 재활프로그램에 참여하였다. 프로그램 참여 중 죽어도 수술은 하지 않겠다는 결심을 하였고 악착같이 운동하였다. 그렇게 운동치료를 열심히 하였는데도 막상 현장에 복직할 때는 약간 불안한 모습을 보였다.

산재 환자에게 재활프로그램 중의 하나인 집단 심리치료 시간에 귀에 못이 박히도록 하는 얘기가 있다. "복직하더라도 자기를 조절할 수 있는 방법을 한 가지 선택하여 마음을 안정시키고 운동을 지속적으로 하면 통증에서 벗어날 수 있다." 그는 재활치료 시간에는 이 같은 내용을 귀담아듣지 않고 전적으로 수용하지 않는 듯한 태도를 취하였다. 그렇지만 복직해서는 다른 뚜렷한 대안이 없어 이 내용을 실천해 보았다.

그는 복직한 초반에는 퇴근할 때 집까지 걸어서 가기로 결심하였는데, 집까지는 걸어서 1시간 20분이 소요되었고, 집으로 가는 길은 산을 넘어야 하고 겨울에는 어두워서 손전등을 켜고 다녀야 할 정도여서 어려움이 많았다. 게다가 회식 등 이러한 계획과 의지를 꺾는 일이 자주 발생하였다. 그러다 보니 몸이 점점 더 힘들어졌고 결국 아침에 걷기로 한 자신의 결심에 더 충실하기로 다짐하였다.

출근을 위해 그는 아침 5시면 집을 나서야 했다. 여름이야 해가 일찍 뜨니 괜찮지만 보통 새벽 5시면 어둑어둑하였다. 등산화를 신고 손전등을 들고 갈아입을 속옷을 넣은 작은 가방을 메고서 아침에 걷기를 1년 넘게 하였다. 처음에는 아침에 걷는 것이 너무나 힘들었지만 그것은 잠시뿐 시간이 지나면서 점차 적응되면서 자신감이 생겼다. 그는 건강하다고 생각했던 젊은 시절보다 훨씬 더 몸이 좋아졌다는 것을 스스로 느끼며 활기찬 삶을 살게 되었다.

꾸준한 걷기는 산재 환자의 통증을 줄이기로 하지만 예방해 주기도 한다.

정년을 몇 년 앞둔 이 근로자는 자그마한 체구에 살이 찌지 않은 약간 마른 사람이었다. 그는 입사 후 얼마 되지 않아 경미한 사고를 경험하고 산재 치료를 받았다. 일찍부터 산재를 경험한 터라 신재를 예방하기 위한 나름대로의 방법을 강구하였다.

그 방법 중 한 가지가 집에서 현장까지 40분 거리를 매일 아침 걸어서 출근을 하는 것이었다. 그는 어떠한 날씨에도 개의치 않고 걸어서 출퇴근을 하였다. 매일 아침 6시에 집을 나서는 그는 비오는 날에는 비옷을 입고, 추운 겨울에는 내의를 챙겨 입으며 꾸준히 걸어 다녔다. 그렇게 하루도 거르지 않고 20여 년간을 걸어서 다녔다.

그의 체격은 왜소하고 직무 자체도 힘든 것이었지만 20여 년간 근골격계 문제를 보이지 않았다. 장기간 한 가지 일을 함으로써 발생하는 근골격계 통증을 호소하지 않은 데는 출퇴근 시에 걷고 술담배를 하지 않는 것이 비결이었다.

아침에 40여 분을 걸으면 혈액순환이 원활해지고 기분이 좋아진다. 또한 근육은 잘 이완되고 뼈와 뼈 사이의 관절은 윤활유가 분출되어 몸도 일하기에 적합한 상태가 되므로 이때는 일을 하더라도 근육이 잘 뭉치지 않는다. 그리고 퇴근할 때도 기분 좋게 걸어서 함으로써 몸 구석구석에 혈액순환을 잘 시켜 충분히 에너지를 공급하고 관절에 윤활유를 치는 효과를 보았다. 이는 낮에 일하면서 발생한 근육과 관절에 무리가 간 것을 잘 풀어 주어 근골격계 통증을 예방하는 데 큰 도움이 되었다.

대부분의 사람이 아침에 걷는 사람은 현장에서 고된 일을 하지 않는 간접 직종에 종사하는 사람이라고들 한다. 그러나 하고자 하는 의지가 있다면 힘든 일을 하는 사람도 충분히 해낼 수 있다.

9

퀵 보드를 즐기는 용기 있는 척추장애 환자

요추 디스크 탈출로 3회의 수술을 받은 환자가 있었다. 1차 수술 후 충분한 요양을 하지 못한 채 무리하게 조기 복직하였다. 그러다 보니 병이 재발하여 수술을 다시 하게 되었는데, 수술 후 1개월이 지나서 수술 부위에 또다시 문제가 발생하여 추가 수술을 하였다.

여러 차례 수술을 하다 보니 그는 심리적으로 긴장하고 불안을 많이 느꼈는데 그럼에도 입원 중에 심리상담을 받으면서 조금만 더 나으면 빨리 복직하여 일하고 싶다고 이야기하였다. 나는 오히려 그를 달랬다. 최소한의 기간이라도 요양을 한 후 재활치료를 해서 몸을 어느 정도 단련시킨 후 복직할 것을 권유하였다. 그러나 그는 병원 생활이 맞지 않는다고 하면서 조기에 퇴원하여 수영과 헬스를 시작하였다.

의욕에 찬 그는 몸을 가만히 두지 않고 지속적으로 움직였다. 물론 통증은 여전히 남아 있었지만, 그럴 때마다 그는 부인에게 파스를 붙여 달라고 하며 운동을 지속하였다. 그는 심리상담실을 찾았다. 만성 통증의 원리와 대처방법을 교육받고 나서 나름대로 합리적인 통증 극복의 방법을 깨달은 듯했다.

그는 만성 통증의 극복을 위해서는 불안과 걱정을 하지 않는 심리적 안정과 자신감이 절대적으로 필요하다는 것을 알았다. 그리고 가벼운 운동에서 시작하여 점차 강도를 높여 가며 운동을 해야 한다는 것도 알았다. 그는 자신감이 생기면서 편안한 마음으로 운동을 즐길 수 있었고 지속적으로 운동하다 보니 유연성이 매우 좋아졌다. 이제는 아이들과 함께 킥 보드도 즐기게 되었다.

그는 말한다. "이제는 밤마다 집사람한테 파스 붙여 달라는 소리를 하지 않아서 좋다."

킥 보드 타는 것을 좋아할 정도의 자신감, 이것이 통증 치료의 비결이다.

10

족구광으로 거듭난 척추장애 환자

그를 처음 만났을 때는 성격이 불같고 워낙 화가 나 있어 무엇이라도 집어던질 것만 같았다. 그는 통증이 아주 심하여 매일매일을 고통 속에서 보내고 있었다. "회사에서는 불신감이 드는 일을 자꾸 벌인다. 화가 머리끝까지 치솟는다."라고 하며 울분을 토하였다. 그를 자주 만나 분노감과 불신감을 어느 정도 가라앉힌 후에 상담실로 찾아오게 하였다. 그가 드러내는 분노감을 들어주고 이해해 주려고 하였더니 어느 순간 마음을 열기 시작하였다.

그는 경추와 요추에 고정술을 하였는데, 처음에는 피해의식에 사로잡혀 자신의 불행을 받아들이지 못했지만 어느덧 '장애는 어차피 남는 것이기 때문에 장애 판정에 따른 보상금을 공단에서 지불하는 것이고 통증은 운동을 해서 극복할 수밖에 없다'는 사실을 받아들이게 되었다.

현실을 받아들이게 되면서 그의 태도도 달라졌다. 그는 복직해서도 수영을 지속적으로 하였다. 아무리 피곤하고 힘들어도 저녁을 빨리 먹고는 버스를 타고 수영을 하러 갔다. 간혹 만날 기회가 있어 "좀 어떠냐."라고 물으면, "어차피 이렇게 된 것을 어떻게 하겠습니까? 다른 방법이 있습니까? 운동을 해서 이겨 내야죠. 재미있게 살면 되는 것 아닙니까?"라고 딱 부러지게 이야기하면서 웃음으로 넘겼다.

한 가지 놀라운 사실은 수영을 열심히 한 것은 다름이 아니라 자기가 그렇게 하고 싶어 하는 족구를 하기 위해서였다는 것이다. 그는 부서에 족구팀을 만들어 주장을 맡았고 그것도 공격수 역할을 수행하면서 아주 열심히 생활하였다.

장애는 어차피 남기 때문에 장애 판정에 따른 보상금을 공단에서 지불하는 것이다. 이를 인정하고 받아들이면 피해의식과 불만을 줄여 더 행복한 삶을 살 수 있다.

11

마취 없이 수술을 받는 명상전문가

명상 수행을 오랫동안 해 온 한 남자가 다리를 심하게 다쳐 수술을 하게 되었는데, 놀랍게도 마취 없이 수술을 받겠다고 하였다. 환자의 이런 요구에 담당 의사는 매우 당황하였으나 환자의 의자가 강해 결국 마취를 하지 않고 수술을 하였다.

이 사례에서 알 수 있는 것은 '통증은 당사자가 결심을 하고 그 마음을 어떻게 관리하느냐에 따라 그 정도를 다르게 느낄 수 있다'는 것이다.

명상은 마음을 다스리는 작업이고, 이는 곧 통증 관리의 핵심이다. 보통 사람은 명상이라고 하면, 심산유곡이나 절에서 가부좌나 반가부좌 자세로만 하는 것으로 알고 있다. 그러나 명상에는 마음을 다스리는 자기 수행 모두가 포함된다.

많은 산재 환자를 상담하면서 경험한 것은 자기 수행을 꾸준히 하는 환자는 꼭 명상의 이름을 빌리지 않더라도 통증을 다스린다는 것이다. 그렇지만 대부분의 만성 통증 환자가 지속적인 노력이 필요한 자기 수행보다는 약물에 의지하면서 통증을 지속적으로 호소한다.

만성 통증의 호소를 줄일 수 있는 답은 이미 나와 있다. 제2차 세계대전 이후부터 이와 관련된 연구가 진행되고 1970년대에는 다학문적인 접근이 이루어지면서 마음의 힘이 증명되었다. 즉, 통증은 주관적으로 느끼는 정도에 따라 다르고, 그 정도는 신체 손상 부위의 대소나 수술 여부가 아닌 개인의 신념과 적극적인 통증 대처 방법, 적절한 사회적 여건 등에 의해 결정된다는 것이다.

따라서 자기 수행을 통하여 통증에서 벗어날 수 있다는 자신감을 가지는 것이 통증 극복의 가장 중요한 핵심임을 알고 마음을 다스리도록 노력해야 할 것이다.

통증은 시간이 지나면 저절로 수그러든다. 이것만 터득하면 통증의 고통에서 벗어날 수 있다.

12

꾸준한 반신욕으로 통증을 조절하다

50대 초반의 한 중년 남성이 산업 현장에서 일을 하다 크게 다쳐 장기간 입원치료를 받았다. 그는 입원해 있는 동안 심한 통증을 경험했지만 그곳에는 자기보다 훨씬 더 증상이 심한 중환자와 생명이 위태로운 환자들이 있었다. 그들을 보며 그는 자기가 겪고 있는 통증은 다른 환자에 비하면 별것 아니라는 생각이 들었고, 이에 희망을 가지고 통증을 극복하기 위해 많은 노력을 기울였다. 그는 통증 극복 방법 중 여러 가지를 생각하다가 마지막으로 반신욕을 하기로 결정하였다.

그는 퇴원해서 재활치료를 하는 동안 운동과 함께 반신욕을 꾸준히 하였다. 반신욕은 자기 조절을 위한 일종의 수행이었다. 반신욕을 하기 위해서 좋아하던 소주도 끊고 술을 마실 자리가 있으면 약간의 포도주로 대신하였다. 회식에 가서도 9시면 집으로 돌아와서 욕조에 따뜻한 물을 받아 30분 정도 반신욕을 하였다.

이렇게 하루에 한 번씩 특별한 일이 없으면 반신욕을 하면서 하루 일과를 정리하였다. 병원생활을 하면서 겪어 온 심한 통증이 반신욕을 하면서부터 서서히 줄어들기 시작하더니 이제는 통증을 어느 정도 조절할 수 있게 되었다. 매일같이 수행하며 반신욕의 효과를 경험하다 보니 어느덧 자신감이 생겨 삶이 즐겁고 활기차게 변하였다. 자기관리의 한 방법으로 반신욕을 꾸준히 함으로써 자기 인생을 긍정적인 방향으로 조절하고 통증에서 벗어날 수 있게 된 것이다.

자기관리 방법을 한 가지만 꾸준히 해도 통증에서 벗어날 수 있다.

13

심리적 안정으로 이혼의 위기에서 벗어나자 통증이 줄어들다

40대 중반의 한 남성 환자는 요추와 경추에 각각 한 마디씩 고정술을 하였다. 밤마다 통증에 시달렸고 그때마다 진통제나 소주로 견뎠다. 부부 사이에 별다른 문제가 없는 날이면 진통제를 복용하고 대판 싸우거나 하면 소주로 하룻밤을 보냈다. 그리고 이 환자는 밤마다 악몽에 시달렸다. 환자는 밤마다 쫓기는 꿈, 칼로 싸우는 꿈, 물에 빠져 허우적거리는 꿈, 가위에 눌리는 꿈 등을 꾸고 악몽으로 심한 잠꼬대를 하며 식은땀을 흘렸다. 이런 상태에서 부부가 같이 잠을 잘 수 없어 각방을 쓰게 되었다.

산재 환자로 3년 정도 요양을 하고 나니 신경이 예민해질 대로 예민해져 약간만 자극을 받아도 큰소리를 치거나 짜증을 부리면서 부인과 자녀를 긴장시켰다. 오랫동안 이런 경험을 해 온 부인은 더 이상 참지 못하고 이혼을 요구하였고, 그 남성은 산재 환자로 고통받는 것도 서러운데 이혼까지 요구하는 아내가 너무나도 원망스러웠다. 몸도 망가질 대로 망가지고 가정도 붕괴 상태라고 판단한 환자는 절망에 빠졌다.

이런 상태에 있는 환자에게 심리상담실에서 우연히 연락을 취하였다. 구세주를 만난 듯한 환자는 심리상담실로 달려와서 도와 달라고 매달렸다. 심리치료를 10여 회 실시하는 동안 마음속에 응어리진 부분이 많이 풀렸고, 불합리한 사고도 교정되어 합리적으로 재구성되었다.

심리적 안정을 취하자 그렇게 심하던 통증도 많이 완화되어 어느 정도 조절이 가능하게 되었다. 부인과의 관계도 어느 정도 회복되면서 이혼은 없던 일이 되었고 직무도 바뀌어 활기찬 직장생활을 하게 되었다.

몸과 마음은 하나다. 이혼은 마음을 아프게 하니 몸 또한 아프게 하는 것은 두말할 필요도 없다.

14

철저한 자기관리로 새로운 삶을 살다

40대 초반의 조선소를 다니는 한 남자는 매 주말마다 국내뿐만 아니라 국외에서 개최하는 마라톤 대회를 쫓아다니느라 바빴다. 어떤 경우에는 토요일과 일요일에 연이어 마라톤 대회에 참가하기도 했는데, 국내 마라톤 마니아로서는 처음으로 서브 3을 100회 돌파하였다.

서브 3이란 마라톤 풀코스 42.195km를 3시간 안에 주파하는 것을 말하며, 국내에서 마라톤 풀코스 100회 참석은 종종 있었지만 서브 3을 100회 돌파하는 것은 그가 처음이었다고 한다.

이 사나이가 처음부터 몸이 좋은 상태에서 마라톤을 시작한 것은 아니다. 마라톤을 시작하기 전만 하더라도 호흡기 기능이 좋지 않아 조금만 움직여도 숨이 차곤 하였다. 다른 사람에 비해 호흡기 기능이 70% 수준이라 일상생활 자체가 힘들고 답답한 상태였다. 그는 어떻게 해서든지 이런 상태에서 벗어나기 위해 시간이 조금이라도 나면 산으로 들로 돌아다녔다.

그러던 어느 날 '죽기 아니면 살기' 라는 생각이 머릿속을 번개같이 스쳐 지나갔다. 그때부터 달리기를 시작하였다. 처음에는 빨리 걷기만 하여도 숨이 차서 죽을 지경인데, 뛰기를 하니 그 고통은 이루 말할 수 없었다. 그렇지만 그는 고통을 참고 천천히 뛰는 것부터 시작하였다. 그러다가 점차적으로 조금 더 멀리, 조금 더 빨리 뛰기를 하였다. 집에서 조선소까지 걸어서 30분 거리를 출퇴근할 때마다 계속해서 뛰었고 비가 오나 세찬 바람이 부나 뛰기를 멈추지 않았다. 그러다 보니 자신감이 붙으면서 마라톤 대회에까지 출전하게 되었다.

10년 가까이를 시간만 나면 뛴 것이 결국 마라톤 풀코스 대회를 비롯하여 울트라 마라톤 대회에서 우승을 도맡아 할 정도의 고수로 만들어 놓았다. 옆에서 지켜보던 나는 아무래도 지나친 달리기로 그의 무릎에 문제가 생겼을지도 모른다는 생각에 MRI를 찍어 보라고 권하였다. MRI 결과는 매우 깨끗하였고 아무런 문제가 없었다. 의학과 책대로라면 지금쯤 무릎 연골이 닳아 없어져야 했을 것인데, 그 결과는 매우 놀라웠다.

단순히 걸을 때 남들같이 숨만이라도 제대로 쉴 수 있었으면 하는 바람으로 달리기를 시작한 것이 이제는 아마추어 달리기 선수로는 국내 대회뿐만 아니라 국제 대회에서도 우승을 놓치지 않는 선수가 된 것을 볼 때 그가 그동안 얼마나 철저히 자기 관리를 했는지 알 수 있다. 술과 담배는 어떤 상황에서도 입에도 대지 않으며, 그 흔한 탄산 음료수조차도 잘 마시지 않는다. 혹시라도 감기에 걸릴까 봐 대회를 마치고 동료들과 같이 버스를 타고 내려오는 동안에도 양치질하는 것을 빼먹지 않는다. 이러한 달리기에 대한 그의 집념은 단순히 통증의 치유를 넘어 마라토너로서의 새로운 인생을 살도록 하는 계기가 되었다.

책에서는 무리해서 달리다 보면 무릎 연골이 닳아 없어진다고 하였는데 왜 그는 그렇게 되지 않았는가? 인간 정신의 힘은 무궁무진하다.

스트레스 해소 방법 팁 ❻

남이 보지 않는 곳에서 실컷 울라.

정신적 스트레스를 받는다는 것은 뇌신경을 지속적으로 자극하여 과부하가 걸린다는 것이다. 스트레스를 해소한다는 것은 과부하를 끌어내려 안정을 취하게 하는 것이다. 마치 고무풍선에 바람이 들어가 팽팽하게 되어 있는 것을 바람을 뺌으로써 푹 꺼지게 하는 것과 같다.

눈물을 실컷 흘리는 것은 이렇게 팽팽한 풍선의 바람을 빼는 행위로 스트레스를 해소하는 방법이 될 수 있다. 그런데 주위에 남이 있으면 의식을 하게 되어 충분히 눈물을 흘리지 못하는 경향이 있다. 의식한다는 것은 그만큼 신경에 부하를 거는 것인데, 의식하면서 눈물을 흘리면 고무풍선에 바람을 빼면서 조금씩 다시 불어넣는 것과 같으니 스트레스를 충분히 해소하고자 한다면 사람들이 아무도 없는 곳으로 가서 목 놓아 실컷 우는 것이 좋다. 울면서 딴생각할 필요도 없이 현재 자기가 처한 현실에 집중하면서 울면 된다. 현재 자기를 힘들게 하는 요소를 생각하고 나아가 부모를 생각하면서 울면 눈물이 더 진하게 나올 수 있다.

통증에 대해 이해하고 이를 극복하기 위해
한 가지만 꾸준히 실행하면 충분히 극복할 수 있다.

8장

통증을 일으키는 현상과 대처 방법

1

기온이 낮으면 통증이 심해진다

날씨가 추우면 근육이 조이는 이른바 수축 현상이 일어난다. 근육이 수축하면 근육 속에 있는 혈관도 수축되면서 혈액순환이 잘되지 않는다.

신경은 혈액이 순환하면서 제공하는 영양분이나 산소를 공급받아 작동에 필요한 에너지로 삼는다. 혈액이 잘 순환되지 않으면 에너지를 충분히 공급받지 못하여 신경 작용이 원활하게 이루어지지 않아 긴장이 일어난다. 신경이 긴장을 하면 근육이나 주변의 인대를 심하게 당기게 된다.

원래 탄력성이 좋은 상태라면 신경이 근육을 당겨도 통증을 덜 느끼지만, 운동을 오랫동안 하지 않거나 일을 하면서 특정 부위의 근육을 많이 사용하여 탄력성이 많이 떨어진 상태라면 통증은 더 심해진다. 신체의 한 부분을 너무 많이 사용했거나 사용하지 않음으로써 근육이 불균형 상태가 되고, 이 불균형 상태에서 근육을 당기면 힘이 골고루 미치지 않기 때문에 아픈 것이다.

통증이 심해지면 신경이 더욱 긴장하여 근육을 더 많이 수축시키고 근육 속에 있는 혈관은 더 수축되어 혈액순환이 원활하게 이루어지지 않는다. 이렇게 되면 신경에 에너지공급이 줄어들어 신경은 더 긴장하고 근육은 더 많이 당겨지고 통증은 심해지는 악순환이 일어난다.

문제해결 포인트: 추위에서 건강을 지키기 위하여 몸을 따뜻하게 한다. 따뜻한 물에 몸을 담가서 신경을 안정시키고 근육을 이완시킨다. 운동을 무리하게 하지 말고 조심스럽게 점차 늘려 간다.

2

날씨가 흐린 저기압 상태에서 통증이 심해진다

대기 중의 기압은 우주 만물에 영향을 미친다. 보이는 것이든 보이지 않는 것이든 어떤 형태로든지 자극을 주고 영향을 미치는데, 우리 신체에도 마찬가지다.

저기압은 건강한 사람은 물론이고 혈관과 신경이 약해진 노인이나 이전에 다친 경험이 있는 사람, 만성 통증 환자에게 큰 영향을 미친다. 단지 건강한 사람은 몸에서 변화가 일어나지만 잘 느끼지 못할 뿐이다. 그렇지만 평상시 만성 통증을 경험하는 환자는 이를 민감하게 느낀다. 이들의 신체 내 여러 기관이 문제이지만 특히 신경계와 혈관계, 근골격계에 약한 부분이 많거나 그런 기관이 예민해진 상태일 가능성이 높다. 여러 가지로 설명이 가능하지만, 신경계를 중심으로 설명하면 다음과 같다.

만성 통증 환자는 통증을 일으키는 부분의 신경 센서가 예민해진 상태여서 약간의 자극에도 민감하게 반응하면서 통증을 일으킬 준비가 되어 있다. 저기압 상태에서는 신체 안팎에 기압 차가 발생하고, 이 기압 차가 환자의 신경 센서를 자극하여 신경이 흥분하면서 근육을 수축시킨다. 근육이 수축될 때 건강한 사람이나 근육의 탄력성이 좋은 사람은 통증을 느끼지 못할 수도 있지만 탄력이 떨어져 있는 사람은 수축될 때 통증을 느낀다. 대부분의 만성 통증 환자는 근육의 탄력성이 떨어져 있기 때문에 비가 오기 직전의 저기압 상태에서 통증을 느끼는데, 오히려 비가 온 후에는 저기압 상태에 우리 몸의 신경이 어느 정도 적응하여 통증을 심하게 느끼지 않는다.

문제해결 포인트: 저기압 상태에서는 신경이 긴장되어 근육이 수축된다. 이 상태에서 벗어날 수 있는 방법에는 반신욕, 명상이나 호흡법 등이 있는데, 이를 통해 신경을 안정시킬 수 있다. 이 외에 몸을 움직이는 방법도 있는데, 운동화를 신고 50분 이상 땀을 흘리는 등의 유산소 운동을 하는 것이 좋다.

3

스트레스를 받으면 통증이 심해진다

스트레스를 받을 때 통증이 심해지는 이유는 여러 가지가 있지만 가장 알기 쉽게 설명을 하자면 다음과 같다.

사람이 스트레스를 받으면 뇌 신경이 예민해지면서 생화학적인 변화가 일어나 코르티솔이라는 물질이 분비된다. 이 물질이 혈액 속에 녹아들어 가 혈액을 통해 이동하면서 신경 센서를 자극하여 통증을 일으킨다. 또한 코르티솔은 혈액의 농도를 짙게 하여 빽빽하게 만드는데, 이런 상태에서는 혈액의 흐름이 잘 이루어지지 않아 신경이 자극되면서 통증이 생긴다.

또한 스트레스를 받아 신경이 예민해진 상태에서는 혈액이 좁은 모세혈관 속에서 원활하게 순환되지 못해 혈액순환이 잘 이루어지지 않는다. 이때 에너지를 충분히 공급받아야만 원활한 정보처리를 할 수 있는 신경이 에너지 부족으로 매우 긴장하고 흥분을 하면서 근육 수축을 일으키고 통증을 일으킨다.

통증을 느끼기 시작하면 사람들은 대부분 활동을 줄이고 밀폐된 공간에서 통증에 집착하게 되는데, 이때 정신적 긴장이 일어나고 스트레스를 점점 더 심하게 느끼면서 통증의 강도도 증가한다.

문제해결 포인트: 스트레스로 인해 통증을 느끼기 시작하면 될 수 있는 한 혼자 있지 않도록 하고 혼자 있더라도 평상시에 자기가 좋아하는 것을 집중해서 하도록 한다. 자유롭게 활동할 수 있는 상태라면 운동화를 신고 땀을 흘리는 운동을 하고, 자유롭지 못하다면 휴식시간에 가만히 눕거나 앉아서 복식호흡이나 명상을 하면서 어느 부분까지 통증이 오는지, 통증이 얼마나 센지를 조용히 느껴 보는 것이 필요하다. 그러면 서서히 통증이 줄어든다.

4

통증을 느낄 때 운동을 하면 통증이 줄어든다

통증을 줄여 주는 운동의 원리를 크게 근육강화 운동과 유산소 운동으로 나누어 설명하면 다음과 같다.

근육강화 운동

근골격계에 만성적으로 통증을 느낀다는 것은 근력에 탄력성이 많이 떨어져 있다는 것이다. 통증을 느끼지 않으려면 근육강화 운동을 하여 탄력을 높이면 신경이 흥분을 하여 근육을 당겨도 통증을 잘 느끼지 못한다. 근육강화 운동은 평상시 많이 사용하여 약해진 부분을 운동으로 강화하는 경우와 많이 사용하지 않아서 약해져 있는 부분을 운동으로 보충하는 경우가 있다. 각 개인에 따른 구체적인 운동 방법은 물리치료사나 운동처방사의 도움을 받아 하는 것이 좋다.

근육강화 운동을 할 때 주의할 점은 '점진성의 원리'에 따라 무리가 가지 않을 정도의 가벼운 수준에서부터 점차 강도를 높여 나가야 한다는 것이다. 특히 처음에는 운동량이나 운동시간을 적게 할지라도 반복적으로 꾸준히 하는 것이 중요하다.

그리고 기분이 좋지 않거나 화가 나 있거나 심리적으로 긴장이 되는 등 불안정한 상태에서는 무리하게 힘이 많이 드는 운동을 하지 않는 것이 좋다. 운동을 하더라도 힘이 아주 적게 드는 운동을 하도록 하고 근육을 당기거나 뒤트는 스트레칭 같은 운동은 피하도록 한다. 근육이 수축되어 있는데 여기에다 운동으로 더 당기거나 뒤틀면 손상되기 쉽다.

유산소 운동

유산소 운동이란 달리기, 걷기, 등산, 수영, 자전거 타기와 같이 몸을 움직여 땀을 흘리는 운동을 말한다. 이와 같은 유산소 운동을 하면 혈액순환이 왕성하게 이루어져 신경 활동 시 필요한 에너지가 혈액 속에 녹아 운반되면서 몸의 세부 조직이나 기관 구석구석에 전달된다. 이때 에너지를 충분히 공급받은 몸의 각 조직에 있는 말초신경은 안정적이 된다. 특히 통증을 일으키는 조직의 손상 부위나 약해진 조직의 신경이 많이 안정되면서 통증이 줄어든다. 또 혈액순환이 왕성하게 이루어지면서 뇌신경에 생화학적인 변화가 일어나 이편 성분인 엔도르핀이라는 신경전달물질이 분비되도록 하면 이 물질이 예민해진 신경조직의 센서를 가라앉게 하여 통증을 줄여 준다.

유산소 운동을 하면 뇌신경이 다양한 자극을 접할 수 있게 된다. 이렇게 되면 뇌신경이 통증에 대한 정보처리에만 집착하는 것에서 벗어나 여러 가지 자극을 처리하며 주의가 분산되기 때문에 통증에서 벗어날 수 있다.

근육강화 운동 등으로 근육의 탄력성을 높이면 신경이 긴장하여 근육을 당겨도 덜 아프다. 몸을 움직여 땀을 흘리는 유산소 운동을 최소한 50분 정도 하면 뇌에서 엔도르핀이 분비되어 통증을 줄여 준다.

5

통증을 느낄 때 반신욕을 하면 통증이 줄어든다

근골격계 만성 통증은 신경이 자극을 받아 흥분을 하여 근육을 당기면서 발생한다. 통증을 줄이려면 신경이 근육을 당기고 있는 것을 풀도록 해야 한다. 그 방법으로 제일 효과가 빠른 것은 주사를 맞는 것이다. 주사를 맞으면 진통제 성분이 핏속으로 바로 주입되어 혈액 속으로 이동하면서 신경 센서의 예민성을 떨어뜨리기 때문에 효과가 빠르다. 그렇지만 주사를 맞는 것은 아주 의존적이어서 나중에는 아플 때마다 주사를 맞아야 하거나 주사의 성분을 점차 강하게 해야 한다. 또한 자기 관리나 조절과는 동떨어진 방법이기 때문에 결국 무기력감이나 절망감을 느끼게 된다.

반신욕은 통증이 있을 때 따뜻한 물에 들어가 긴장된 신경을 안정시킴으로써 근육이 잡아당기는 것을 놓게 하는 방법이다. 따라서 통증이 있을 때 반신욕을 하면 즉각적인 효과를 볼 수 있다. 그리고 통증을 자기가 조절할 수 있다는 일종의 자기 수행이나 자기 조절의 기능을 가진다는 점이 매우 긍정적이다.

반신욕을 할 때 주의할 점은 다음과 같다. 심장에 무리가 가지 않도록 물은 배꼽까지만 닿게 하고 손과 팔은 물에 닿지 않게 한 상태에서 최소한 20분 이상 물에 들어가 있도록 한다. 물의 온도는 체온보다 약간 높은 섭씨 38도나 40도로 하는 것이 좋다. 반신욕을 할 때는 몸을 움직이거나 눈을 감고 일부러 딴생각을 하기보다는 탕 안에서 조용히 있는 것이 좋은데, 일부러 한 생각에 집중하지 않도록 한다. 책이나 신문을 보지 않고 반신욕 그 자체에만 집중하며, 일정한 시간을 꾸준히 하게 되면 자기 조절이나 자기 관리를 위한 한 방법으로 활용할 수 있다.

반신욕을 하면 그동안 신경이 긴장하여 근육을 당기고 있던 것을 빨리 놓으니 통증이 줄어든다. 반신욕을 꾸준히 하면 자기 관리 기법을 한 가지 갖게 된다.

6

통증을 느낄 때 명상이나 요가를 하면 통증이 줄어든다

만성 통증을 줄이기 위해 신경을 안정시키는 방법은 여러 가지가 있지만 자기 조절 기능이 강한 것은 명상이다. 명상을 수행하는 방법은 여러 가지가 있지만 기본원리는 신경을 자극시키지 않고 가라앉히는 것이다.

명상을 할 때는 눈을 감고 머릿속에 떠오르는 생각을 그냥 스쳐 지나가게 하면서 일부러 특정한 생각에 집중하지 않도록 한다. 또한 복식호흡을 하면서 에너지를 불어넣는데, 이러한 상태를 지속하면 신경이 안정을 되찾고 수축된 근육이 이완되면서 통증에서 벗어날 수 있다. 명상을 하면 호흡조절을 하게 되는데 호흡에 집중하다 보면 통증에 대한 민감성이 줄거나 통증에서 벗어날 수 있다. 만성 통증이 있는 상태에서 명상을 규칙적으로 하다 보면 통증은 꼭 줄이지 못하더라도 통증에서 오는 스트레스를 감당하는 힘이 생긴다.

명상이나 요가는 신경의 긴장을 풀어 주어 통증이 줄어들게 해 주고 설사 통증을 줄이지 못한다 하더라도 스트레스에 대항하는 힘을 길러 준다.

스트레스 해소 방법 팁 ❼

혼자 노래방에서 큰 소리로 노래 부르라.

스트레스 해소 방법 중 하나는 신경을 자극시키지 않기 위하여 남을 의식하지 않아도 되는 곳을 택하여 술을 한잔 마시면서 감정을 넣어 노래를 부르는 것이다. 노래 자체가 팽팽한 풍선의 바람을 빼는 역할을 하는데, 특히 감정을 실어서 부르면 더 잘 빠진다. 그리고 술은 감정을 더 잘 싣게 만들어 준다. 이와 같이 노래방에서 술을 마시며 크게 노래를 부르는 것은 많은 사람이 쓰는 스트레스 해소 방법 중 하나다.

그런데 대부분의 사람이 혼자서 하는 것에 익숙하지 않아 여럿이 어울려 하는 경우가 종종 있는데, 여럿이 하는 것도 나름대로 효과가 있지만 자기 혼자서 하면 남의 눈치를 보지 않아도 되기 때문에 더 잘 해소할 수 있다. 자기 혼자서 아무 생각 없이 열심히 노래만 불러 보라. 스트레스는 결국 자기 문제이기 때문에 자기가 잘 풀어 나가야 한다. 다른 사람이 분위기를 돋우어 줄 수는 있을지언정 문제해결에 결정적으로 도움이 되지는 않는다.

산재 환자가 치료를 오랫동안 받으면 문제투성이가 된다. 문제로는 술, 담배, 우울증, 불안, 자녀 문제, 이혼, 부부싸움, 건망증, 성기능 저하, 대인예민성, 스트레스 장애, 자살 등 다양하다.

9장 산재 환자와 여러 가지 문제

1

만성 통증 산재 환자와 술

만성 통증이 있는 산재 환자는 통증의 고통에서 벗어나기 위해서 종종 술을 마신다. 술에 취해 잠들어 버리면 우선은 통증을 덜 느끼기 때문이다. 그렇지만 대체로 술에서 깨어나면 통증이 더 심해진다. 통증이 있을 때마다 통증에서 벗어나기 위해 술에 취하다 보면, 통증을 조절할 수 없게 되고 결국 술로 인한 후유증이나 부작용에 시달리게 된다.

술은 중독성이 강하기 때문에 쉽게 끊기 어렵고 결국 의존하게 되는데, 장기적으로 술을 마시면 혈관과 신경이 약해져 통증이 악화될 뿐만 아니라 우리 몸의 각 조직이나 기관의 노화가 촉진되고 병들게 된다.

환자는 장기간 치료를 받으면서 신경이 많이 예민해진다. 신경이 예민하다 보니 가까이 있는 가족, 부인과 자주 싸우게 되고 심리적으로도 아주 불안정해진다. 이런 상태에서는 또다시 술 생각이 날 수밖에 없고 과음을 하게 되는데 술을 마시는 횟수가 많아질수록 충동조절이 잘 안 되어 더 자주 싸우게 되면서 악순환이 이어진다.

산재 환자는 통증으로 인해 술을 많이 마시기도 하지만 불면증 때문에 술을 찾기도 한다. 저녁에 잠을 잘 자지 못할 때 수면제보다 술이 중독이 덜 된다고 생각하여 약보다는 술을 더 자주 찾는다. 그러나 술 또한 중독성이 강하므로 잠이 오지 않을 때는 우선 신경정신과 전문의의 처방을 받은 후 약물을 복용하여 해결하도록 한다.

약간의 술은 혈액 순환을 도와주지만, 과음은 신경을 병들게 한다. 과음한 후 아침에는 반드시 통증을 더 심하게 느끼게 되어 있으니 순간의 통증을 참기 위해 술에 의존하지 않도록 한다.

2

만성 통증 산재 환자와 담배

만성 통증 산재 환자는 통증으로 인한 고통에서 벗어나기 위해서 습관적으로 담배를 입에 무는 경우가 많다. 이는 담배에 의존성이 있기 때문이다. 통증이 올 때 벗어나기 위한 해결책이 필요한데, 평상시 의존하고 있던 담배를 그때마다 습관적으로 입에 무는 것이다. 그러나 장기적으로 담배를 피우는 것은 통증 해소에 거의 도움이 되지 않는다. 통증이 있을 때 담배를 무는 것은 통증을 줄이는 것처럼 느낄 수도 있지만 오히려 흡연은 혈액의 농도를 높여 혈관 내 혈액의 흐름을 느리게 할 뿐만 아니라 혈관을 수축시키거나 막으면서 혈액순환을 방해한다. 따라서 신경이 흥분되어 통증이 더 심해질 가능성이 높다.

실제로 통증이 있을 때 하는 흡연은 주의를 분산시켜 잠시 동안 통증을 잊게 할 수 있지만 통증 치료에는 좋지 않다. 특히 수지진동증후군이 있는 환자는 손가락의 모세혈관에 혈액순환이 원활하지 않아서 통증을 더 심하게 느끼는데, 이러한 통증을 느끼는 환자는 담배를 피워서는 안 된다. 아프다고 하면서 담배를 입에 무는 것은 어리석은 행동이며, 특히 수술 전후에 담배를 피우는 것은 삼가야 한다. 수술 후에는 혈액순환이 원활하게 되도록 하여 상처 난 부위나 손상된 부위가 빨리 재생되도록 해야 하는데, 흡연은 혈액의 흐름을 방해하여 영양분과 산소가 충분히 빨리 공급되지 못하게 함으로써 회복을 느리게 하기 때문이다. 이렇게 담배는 통증뿐만 아니라 수술 환자에게 특히 유해하다.

담배가 통증에 좋지 않다고 하는데도 굳이 피우면서 아프다고 하는 것은 어리석은 행동이다.

3

만성 통증 산재 환자와 불면증

만성 통증 산재 환자는 질병 자체가 생명과 크게 관련이 없어 다른 만성질병과는 달리 긴장이 상대적으로 덜하다. 이 상태가 장기간 진행되면 마음 상태가 느슨해지면서 낮잠을 많이 자게 된다. 가능하면 낮잠을 자지 않는 것이 좋은데, 낮잠을 자지 않기 위해서는 낮에 활동을 많이 하여 몸을 피로하게 해야 한다. 그래야만 저녁에 정상적인 수면을 취하면서 통증을 좀 덜 느낄 수 있다.

환자는 스스로 자신이 운동을 하고 있고 많이 움직인다고 생각한다. 하지만 정상적인 사회생활 속에서 활동하는 것에 비하면 그 정도가 약하기 때문에 많이 피로하지 않고 저녁에 적절한 수면을 취하기가 쉽지 않다. 수면을 정상적으로 취하지 못하면 신경이 날카로워지면서 통증이 많이 생기는데, 이런 상태가 오래 지속되면 면역기능이 떨어져 감기와 호흡기 기능, 소화기 기능은 물론 면역과 관련된 많은 병을 일으킨다.

산재 환자는 또 통증으로 인해 잠자리가 불편하고 사소한 것에 집착하거나 이런저런 걱정으로 머리가 복잡하여 잠을 잘 자지 못한다. 불면증을 해결하는 가장 좋은 방법은 30분 이상 낮잠을 자지 말 것, 닥치지도 않은 일로 미리 고민하지 말 것, 낮에 활동량을 늘려 몸을 피곤하게 할 것, 저녁에 따뜻한 물에 샤워할 것, 명상이나 호흡법으로 몸과 마음을 이완시키도록 할 것 등이다.

회사에 출근하지 않더라도 가능하면 일반인처럼 규칙적인 생활을 하여 불면증에 걸리지 않도록 해야 한다.

4 만성 통증 산재 환자와 두려움

만성 통증 환자는 통증의 끔찍함을 경험해 보았기 때문에 통증의 두려움에 대해 잘 알고 있으며, 또다시 같은 경험을 할까 봐 겁을 잔뜩 먹는다. 따라서 이들은 가능하면 통증이 있는 신체 부위를 움직이려고 하지 않는다.

예컨대, 허리가 아픈 사람은 가벼운 짐조차 들지 않으려고 하는 것은 물론 허리를 최대한 움직이지 않으려고 하거나 심지어 성관계조차도 하지 않으려고 한다. 또 오른쪽 무릎이 아픈 사람들은 오른쪽 무릎을 최대한 움직이지 않으려고 한다. 이렇게 아프다고 몸을 움직이지 않으면 몸은 점점 굳어져 약해지고 힘을 쓸 수 없는 상태로 변한다. 또 사용하지 않는 부분 대신 다른 부분을 과도하게 사용하게 됨으로써 부작용이 생기고 악순환이 계속된다.

산재 환자가 지니고 있는 통증에 대한 두려움을 극복하기 위해서는 통증이 있더라도 두려움을 갖지 말고 몸을 지속적으로 움직이는 것이다. 몸을 움직여야 혈액순환이 원활하게 되고 관절 사이에 윤활 성분이 분출되면서 마찰이 되어도 아프지 않고 손상도 덜 된다.

통증의 두려움을 극복하는 최선의 방법은 가벼운 것에서부터 조금씩 움직임의 강도를 높이는 것이다. 아프다고 움직이지 않으면 더 많은 문제가 생긴다는 것을 알고 움직이는 버릇을 들이도록 한다.

5

만성 통증 산재환자와 이혼

산재 환자는 지속적으로 통증이나 복직과 같은 내용으로 자기 고민에 많이 빠진다. 통증이 누그러지지 않고 심했다가 약했다가, 있다가 없다가 하는 등의 문제가 끊임없이 드러나는가 하면, 복직을 하면 이 몸으로 이전에 하던 일을 계속해서 할 수 있을까? 다른 가벼운 업무로 바꾸면 할 수 있을 것 같은데, 바꿀 수는 있을까? 등의 문제로 고민한다.

이런 고민을 하며 오래 생활하다 보면 신경이 예민해져서 사소한 일에도 흥분하고 감정의 기복이 심하여 주변 사람과 갈등을 일으키기 쉽다. 특히, 자신과 가까운 부인이나 자녀에게 성질을 부리는 경우가 많은데, 부인은 처음 몇 번은 고통스러워하는 환자의 입장을 이해해서 받아들이지만, 시간이 지나면서 환자가 점점 더 짜증을 부리고 폭력적으로 변하는 모습을 보고 참기 힘들어한다.

부인은 남편이 출근하지 않고 주로 집에서 지내 신경이 쓰이고 눈치를 봐야 하는 것도 괴로운데, 주변 사람에게서 "너희 신랑은 아직도 출근을 하지 않느냐." "크게 아픈 것 같지도 않는데 회사 출근을 왜 하지 않느냐?" 등의 질문을 받게 되면 과민해진다. 또한 산재 환자는 자녀에게 화를 내거나 신경질을 부리거나 손찌검을 하는 문제를 자주 일으킨다. 이런저런 문제로 한두 번 싸우는 상황이 발생하고 그 빈도가 잦아지면서 감정의 골이 깊어진다. 또한 산재보험이 적용되지 않는 치료비나 약값으로 경제적으로 궁핍해지면서 생활고에 시달리게 되면 이혼할 가능성이 더욱 높아진다.

장기 요양 산재 환자는 주위 사람은 물론 부인과 자녀에게서도 이해를 받지 못하고 심한 소외감과 과민성을 보이다가 결국 이혼으로까지 치닫는 경우가 많다.

내가 느끼는 아픔을 가족에게 이해해 달라고만 하지 말고 가족도 힘들다는 것을 이해하고 함께 이겨 나가야 한다.

6

만성 통증 산재 환자와 자녀 교육

앞의 산재 환자와 이혼에서 밝힌 바와 같이 산재 환자는 신경과민성을 보이는 경우가 허다하다. 이러다 보니 통증이나 후유증이 심할 때 자녀가 눈에 거슬리는 행동을 하면 자연히 아이들에게 화를 내거나 손찌검을 하게 된다.

이런 행동이 몇 차례 이루어지면 아이들은 아버지를 피하기 마련이다. 언제 고함을 지르고 때릴지 예측할 수 없기 때문에 자녀는 아버지와 가까이 지내면서 얘기 나누기를 꺼린다. 자녀가 유치원생이나 초등학생이라면 아버지와 가까이 지내면서도 겁을 먹고 눈치만 보는 경우가 많고 중학생 이상의 나이라면 아버지가 집에 있는 동안에는 집에 잘 들어오지 않고 밖에서 배회하게 된다.

자녀는 아버지의 행동 하나하나를 예민하게 관찰하면서 혹시라도 불똥이 자신에게 튈까 봐 불안해하며 긴장한 채 하루하루를 보낸다. 이런 상태에서는 책을 잡고 있어도 공부하는 데 집중하지 못하고 산만해진다. 그러다 보니 자연히 학교생활에 제대로 적응하지 못하고 학교 성적도 떨어지게 된다.

아이들은 심리적으로 그리고 사회적으로 위축되면서 '우리 아버지는 왜 회사에는 가시지 않을까, 왜 화를 자주 내실까, 왜 엄마와 자주 싸울까?' 등의 문제로 많은 고민을 하게 된다. 그러면서 매사에 위축되어 자신감이 부족하고 대인관계도 원만하게 이루어지지 않으면서 혼자서 지내는 경우가 많다. 설사 겉으로는 웃는 얼굴을 자주 보인다고 할지라도 속으로는 우울한 면을 많이 지니게 된다.

이런 경직된 상황이 오래갈수록 아이들의 심리적 불안정 상태는 지속되고 문제는 악화된다. 아버지가 산재 요양생활을 끝내고 복직하면 종종 아이들의 심리 상태가 안정을 되찾는 경우도 있지만 자녀에게 생긴 문제는 대부분 지속된다.

사람들의 경험, 특히 아동기 때 생긴 경험은 결코 단순히 하나의 경험으로 끝나지 않으며, 평생 영향을 미친다. 비슷한 상황을 만나면 이전 경험에서 기억했던 내용을 떠올리면서 같은 방식으로 대처한다. 즉, 산재 환자의 자녀는 산재 환자로서의 아버지의 행동이 싫었음에도 나중에 자기도 비슷한 상황에 처하면 아버지가 했던 행동을 부적응적으로 따라 할 가능성이 높다.

자녀는 아버지나 어머니의 모습을 그대로 보고 배운다. 따라서 자기관리를 철저하게 하고 마음을 안정시켜 자녀가 자신으로 인해 부정적인 영향을 받지 않도록 해야 한다.

7

만성 통증 산재 환자와 건망증

산재 환자의 대부분이 나이에 상관없이 기억력이 많이 떨어졌다고 보고하는데, 그 원인을 주로 수술을 위해 실시한 전신마취 탓으로 돌린다. 물론 전신마취가 어느 정도 영향을 미쳤을 수 있지만 건망증과 관련하여 더 중요한 요인은 산재 환자가 경험하는 스트레스다.

산재 환자는 요양하는 동안 지속적으로 스트레스를 경험하고, 뇌신경이 피곤한 상태에 빠진다. 이런 상태에서는 뇌신경의 활동이 활성적으로 이루어지지 않아서 기억이 잘 나지 않는다. 또한 뇌신경이 피곤한 상태에서는 기억을 시키려고 할 때, 즉 자극을 뇌신경에 입력시키려 할 때 신경활동이 활발하게 이루어지시 않아 집중력이 떨어지고 신경에 입력이 제대로 되지 않는다. 그리고 명확하지 않고 어렴풋이 입력된 내용을 생각해 내려고 하니 잘 기억해 내지 못할 수도 있다.

산재 환자는 환자로서 생활을 하기 때문에 정상적인 생활이 이루어지지 않는다. 환자는 지루하고 축 처진 생활을 하기 때문에 뇌의 신경활동이 정상적으로 또는 활기차게 이루어지지 않는 편이다. 이런 상태에서는 집중이 잘 이루어지지 않기 때문에 신경 활동이 위축되면서 기억하고자 하는 내용을 잘 들추어내지 못하는 건망증이 발생할 수밖에 없다.

정상적인 생활을 하면 스트레스를 덜 받고 건망증도 줄어든다. 건망증을 줄이려면 될 수 있는 한 빨리 정상적인 사회생활을 해야 한다.

8

만성 통증 산재 환자와 성기능 저하

척추 장애를 지니고 있는 환자가 가장 고민을 많이 하고 위축될 수 있는 문제가 성기능 저하다. 환자는 만성 통증에 시달리다 보면 스트레스를 많이 받고, 병원 생활을 오랫동안 하면서 성관계의 기회를 많이 가지지 못한다. 지금 당장 통증으로 하루하루가 힘들고 수시로 부인과 싸우는 등 스트레스를 많이 받으며 지내고 있는데 무슨 성적 욕구가 일어나겠는가?

그런 상태가 반복되고 장기간 지속되면 신체적으로, 기능적으로 약해질 뿐만 아니라 심리적으로도 위축되고 자신감을 잃게 되며 부인에 대한 죄책감도 발생된다. 이러한 신체적 및 심리적 약한 상태에 빠지게 되면 성관계를 시도하는 기회를 가지지 못하면서 성적 무능감에 빠지게 된다.

특히, 요추 고정술을 한 환자는 오랫동안 병실 생활을 하여 성경험이 줄어들었을 뿐만 아니라 성관계를 함으로써 혹시 발생할 수도 있는 요통으로 인해 성관계 자체에 두려움을 지닌다. 환자는 이러한 상황을 자주 접하면서 성관계를 기피하고 자신감이 떨어지면서 성기능이 저하되는 결과를 초래한다. 또한 환자는 이러한 심리적 위축과 관련된 성질을 척추 고정술의 부작용에 따른 것으로 판단하고 끊임없이 고민한다.

만성 통증을 지닌 산재 환자의 성기능 저하 현상을 풀 수 있는 방법은 자신감을 가지고 꾸준히 기회를 가지는 수밖에 없다. 수술을 해서 신경 그 자체에 크게 문제가 있어서라기보다는 스트레스를 많이 받고 기회를 자주 가지지 못하고 자신감이 줄어들었기 때문이니 안된다고 하여 위축되지 말고 부인과 솔직하게 마음속에 있는 내용을 터놓고 얘기를 나누어야 한다. 그렇게 양해를 구한 상태에서 즐기는 마음으로 여러 가지 방법을 적용하여 기회를 늘려 가면 시간이 가면서 해결된다.

어차피 부부간의 성 문제는 두 사람만 일치하면 어느 누구도 옳고 그름을 말할 수 없는 문제이니 부부의 사정에 따라 맞추면 된다.

부부간에 부끄러워할 필요가 없다. 이것만 받아들이면 성문제는 저절로 해결된다. 부부간에 허심탄회하게 드러내 놓고 얘기를 하지 못하게 되면 문제가 커진다.

9

만성 통증 산재 환자와 대인예민성

산재 환자는 대부분 치료를 종결하기까지 심리적으로 힘든 과정을 경험한다. 치료 과정 중에 오랫동안 동료와 떨어져 생활을 하는 것이 문제의 원인이 되기도 한다. 그들은 같이 일을 하지 못하고 내 일을 누군가가 대신하고 있다는 생각에 죄책감이 들 뿐만 아니라 자기를 위해 주는 사람이 없고 혼자라는 생각을 하면서 소외감도 가지게 된다. 이런 심리적 불안정 상태를 오래 지니고 있으면 '다른 사람이 나를 어떻게 생각할까?' '혹시 나에 대해 부정적인 생각이나 감정을 지니고 있지 않을까?' 를 깊이 생각하게 된다.

이런 생각을 많이 그리고 깊이 하게 되면 다른 사람과의 관계에 예민해진다. 즉, 대인예민성이 높아지게 된다. 그러면 밖으로 나가기가 꺼려지고 실내에서만 주로 생활하게 된다. 많은 산재 환자가 주로 좁은 집에서 지내고 있다. 설사 밖으로 나간다 할지라도 밤에만 나가려고 하거나, 모자를 눌러쓰고 골목길이나 좁은 길 같은 사람들이 많이 다니지 않는 길로 다닌다. 아니면 집이나 회사에서 멀리 떨어진 병원에서 요양생활을 하게 된다.

그러나 자신의 주변에 있는 사람들은 자신이 생각하는 것같이 생각하지 않는다. 단지 본인만 그렇게 예민하게 생각할 뿐이다. 설사 다른 사람이 그렇게 생각한다고 할지라도 그것은 그렇게 중요하지 않다. 자신에게 중요한 것은 빨리 적극적으로 치료를 받아 산재요양을 마치는 것이다. 복직을 하면 자연스럽게 그런 생각에서 벗어날 수 있으며, 오히려 나중에는 '내가 왜 그런 생각에 빠져 힘들게 생활했을까?' 하는 아쉬움을 가지게 될 것이다.

혼자 지내면 누구라도 예민해지게 마련이다. 사람들과 같이 지내면서 말을 많이 하면서 풀라. 그러면 고민 중의 많은 부분이 해결될 것이다.

10

만성 통증 산재 환자와 우울증

만성 통증을 지닌 많은 환자가 우울증으로 진단을 받고 있다. 우울증으로 진단될 정도로 우울 증상이 심한 경우는 물론 부분적인 우울 증상을 드러내는 경우도 많다.

만성 통증이 우울증 때문에 나타나는 것인지, 아니면 만성 통증을 지닌 환자가 여러 가지 어려움에 봉착하고 생활상의 변화로 인해 우울증이 나타나는지는 명확하지 않다. 그렇지만 중요한 것은 만성 통증 환자가 우울 증상을 많이 보인다는 것이다. 만성 통증 환자 중에서 43%는 심한 우울증, 20% 정도는 약한 우울증으로 전체 63% 정도가 우울증을 겪고 있다는 연구 결과가 있다(Atkinson, 1991).

실제로 내가 조사한 연구 결과를 살펴보아도 만성 통증을 지닌 산재 환자 중 50~70%에서 우울증이나 우울경향성이 나타났다. 만성 통증 환자 중 신체장애자가 비장애자보다 심한 우울증 상태를 3~4배 더 많이 보였다. 또한 신체장애자 중 만성 통증을 호소하는 환자는 호소하지 않는 환자에 비해 우울증 비율이 더 높았다. 우울은 만성 통증 환자로 하여금 무기력하고 비관적으로 만들기 때문에 적극적인 재활치료의 참여를 어렵게 하는 주요 요인이 된다. 또한 우울은 상해를 입고 산재 치료를 받고 있는 작업자가 일터로 복귀하는 것을 어렵게 한다.

문제는 산재 환자가 자신이 우울증 상태에 있다는 것을 잘 알아차리지 못하고, 우울 상태를 아주 부정적인 시각으로 보는 경향이 강하여 잘 드러내려고 하지 않는다는 것이다. 환자 자신이 우울한 상태에 있다는 것을 알고 전문가의 도움을 받는 것만으로도 현재의 치료를 더 효과적으로 받을 수 있다.

우울은 실내에 들어앉으면서부터 발생한다. 밖으로만 나가면 우울증은 피할 수 있다. 몸을 움직여 땀을 흘리면 쉽게 걸리지 않는 병이 우울증이다.

11

만성 통증 산재 환자와 외상 후 스트레스 장애

산재 환자 중에는 높은 곳에서 떨어져 다친 경우도 있고, 장시간의 수술을 몇 차례 한 경우도 있고, 무거운 물건을 들다가 뜨끔한 경우도 있으며, 큰 쇳덩어리 물체에 맞은 경우도 있다. 환자가 경험한 이런 상황은 자신들로서는 돌이켜보기 싫을 정도로 끔찍한 일이다. 환자는 이런 각각의 경우에 대해 또다시 그런 경험을 할까 봐 두려움을 가진다.

문득 악몽 같은 과거 경험이 떠오르면 환자는 심장이 뛰고 땀이 나거나 얼굴이 붉어지는 등의 증상을 보이기도 한다. 이런 환자는 같은 일을 해야 하는 것에 대해 상당히 부담을 느끼면서 복직에 대한 두려움을 강하게 드러낸다. 이러한 증상이 외상 후 스트레스 장애와 관련된 것이다.

현장 관리자 대부분은 외상 후 스트레스 증상에 대해 잘 모르고 있을 뿐만 아니라 대수롭지 않게 생각하는 경향이 있다. 물론 복직하여 생활하다 보면 서서히 적응할 수는 있지만 관리자는 산재 환자가 복직하면 곧 적응할 것이라 기대하고 일을 맡긴다.

사고를 경험한 환자는 치료를 받고 복직하여 사고 당시 했던 일을 하게 되면 사고 장면들이 머릿속에 떠오르면서 갑자기 땀이 나거나 저녁에 잠을 잘 자지 못하거나 악몽을 꾸거나 하는 등의 생리적으로 불편하고 불안한 증상을 심하게 경험하게 된다.

이런 환자가 문제에 적응하는 가장 좋은 방법은 사고 현장에 서서히 다가가서 일을 하는 것이다. 문제가 되었던 현장에서 직접적인 일을 하기보다는 부수적인 일부터 시작하다 보면 서서히 자신감이 생긴다. 자신감이 생기면 그때부터 예전에 했던 일을 조금씩 시작하면 된다.

그러나 심할 경우에는 신경정신과 전문의를 만나서 약물처방을 받거나 임상심리전문가 또는 외상 후 스트레스에 대해 잘 알고 있는 상담전문가를 만나서 상담을 받도록 한다. 또한 명상을 하거나 조용한 바닷가나 산행을 하면서 안정을 취하는 것도 도움이 되고 호흡을 조절하면서 이완을 하는 것도 좋다.

산업재해 이후로 얼굴이 달아오르고 땀이 나고 잠을 잘 자지 못하고 사고 생각에 자주 시달리면 정신과 의사와 상담해 보도록 한다. 그렇게 하기 싫으면 부지런히 땀을 흘리면서 운동을 하든가 아니면 조용히 명상을 하며 가라앉히도록 한다.

12

산재 환자와 자살

산재를 경험하고 장기간 치료를 받아 본 많은 환자가 자살에 대한 충동을 느껴 보았다고 한다.

환자는 '왜 나만 이런 고통 속에서 살아야 하나', '나를 이해하고 위로해 주는 사람은 아무도 없다', '평생 이런 고통 속에서 살아야 하나' 등의 비관적인 생각에 빠지면서부터 자살에 대한 생각을 하게 된다. 많은 환자가 자살에 대한 생각을 하긴 하더라고 실제로 실행에 옮기는 경우는 많지 않은데, 신체적 고통 외에 심리적, 정신적인 고통이 클 때 적절한 조치를 취하지 않으면 자살이라는 극단적인 선택을 하기도 한다.

이렇게 자살 생각에 그치지 않고 실제 자살을 시도하는 경우는 신체적 고통과 심리적 요인이 더 강하게 작용한 경우다. 환자 자신은 신체적 및 심리적 고통을 받아 힘든데, 주변 사람이 자신의 이러한 사정을 인정해 주지 않는다는 생각이 들면 환자는 좌절하게 된다. 또한 오랫동안 주변 사람, 특히 가족과 자주 갈등을 빚으면서 자기 존재 가치에 대해 인정을 받지 못해 불행감을 느끼거나 인간적인 모멸감을 느낄 때 자살을 시도한다.

산재 환자는 자살에 대한 생각이 날 때는 혼자 깊은 생각에 빠지지 말고 자기를 조금이라도 이해해 줄 수 있는 사람을 찾아 터놓고 얘기할 수 있도록 해야 한다. 그리고 신경정신과 전문의나 임상심리학자 또는 환자의 정신적 고통을 이해할 수 있는 영역의 전문가를 만나 상담을 받는 것이 좋다.

자살은 문제를 해결하는 것이 아닌 후세에까지 고통을 연장시키는 어리석은 방법이다. 혼자서 고통을 감당하려 하지 말고 상담을 받아 보면 최악의 상황에서 벗어날 수 있다.

스트레스 해소 방법 팁 ❽

생각 없이 땀 흘리면서 걸으라.

사람이 잘 다니지 않는 한적한 길을 특별한 생각을 하지 않고 걷는 것은 스트레스 해소에 상당한 도움을 준다. 걷는 것은 혈액순환을 잘 시키고 산소 공급을 원활하게 하여 에너지를 제공해 주기 때문에 좋다. 특히 특별한 생각을 하지 않고 걷는 것은 뇌신경을 자극하지 않기 때문에 더 좋다.

걸을 때 여러 가지 생각이 나더라도 어떤 생각인지 알아차리기만 하고 집착이나 생각에 따라가지 말도록 한다. 아울러 눈으로 보고, 귀로 듣고, 냄새 맡고 하는 등의 감각에 대해서도 의미를 일부러 부여하지 말고 자연스럽게 느끼기만 하라. 공기가 맑으니까 좋다는 것이 아니라 공기가 맑다는 것만 느끼기만 하면 된다. 소리가 크게 들리면 짜증을 내거나 누가 저렇게 크게 소리를 내는가를 생각하는 것이 아니라 소리가 크구나 하고 느끼기만 하면 된다. 꽃이 피어 있으니까 정말로 좋구나가 아니라 꽃이 피어 있구나라고 느끼기만 하면 된다. 이런 식으로 좋거나 싫다, 옳거나 틀리다와 같이 판단하지 말고 있는 그대로 관찰만 하면 된다. 그렇게 하다 보면 뇌신경을 더 이상 자극하지 않고 산소 에너지를 공급받기 때문에 마음이 안정되면서 스트레스에서 벗어날 수 있다.

생각을 일부러 하지 말고 땀 흘리면서 한적한 길을 최소한 50분 정도 걷다가 보면 스트레스원이 되는 풀리지 않는 문제의 해답이 번쩍 떠오르기도 한다. 머리가 복잡하고 스트레스가 심할 때 편안한 신발을 신고 아무 생각 없이 혼자서 길을 걸어 보라. 그러면 머리가 맑아지는 경험을 어렵지 않게 할 수 있을 것이다.

쉽지는 않지만 알고 꾸준히 실천하기만 하면
통증을 예방하고 재발을 방지할 수 있다.

10장 근골격계 만성 통증의 예방과 재발방지

1

근골격계 통증 예방

근골격계 질환을 예방하는 방법은 여러 가지가 있지만 개인적으로 할 수 있는 가장 핵심적인 것은 긍정적인 사고를 가지고 재미있게 살면서 꾸준히 운동하는 것이다. 반대로 근골격계 질환을 일으킬 수 있는 조건은 부정적인 사고를 가지고 고민을 많이 하면서 운동을 하지 않는 것이다. 이러한 내용은 근골격계 질환뿐만이 아닌 모든 질환에 적용되는데, 그 이유는 마음이 신체를 지배하고 마음과 신체가 서로 영향을 미치기 때문이다.

앞에서 언급했던 의사도 치료를 포기한 80대 노인의 예를 다시 들어 보자. 현재 88세 된 노인장이 76세 때 퇴행성 척추염과 디스크 탈출로 통증이 너무 심해 병원에 갔는데, 의사는 그의 신체가 너무 약하여 수술을 할 수 없다고 하였다. 그렇지만 그는 긍정적인 방향으로 마음을 모질게 먹고 달리기(마라톤)를 하여 근골격계 질환을 치료했을 뿐만 아니라 더 젊어지기까지 하여 주위를 놀라게 하였다. 그는 유산소 운동을 꾸준히 하여 뇌신경, 근골격계 등에 영양분과 산소 같은 에너지를 충분히 제공함으로써 뇌신경이 안정을 취하여 엔도르핀을 분비하게 하였다. 이 엔도르핀이라는 아편성 신경전달물질은 몸의 면역기능을 높여 병이 생기지 않도록 해 주었을 뿐만 아니라 통증도 줄여 주고 기존의 병도 치유할 수 있는 힘을 가지게 하였다. 그가 이렇게 건강하게 살 수 있었던 것은 바로 긍정적인 사고를 가지고 꾸준히 운동을 했기 때문이다.

한편 근골격계 질환을 일으키고 문제를 악화시키는 것은 부정적인 사고와 심리적 불안정 상태다. 이런 상태가 지속되면 신경이 흥분을 하고, 근육이 수축되고 혈액순환이 원활하지 않아 근골격계 탄력성이 떨어져 문제를 빨리 불러일으킨다. 뿐만 아니라 부정적 사고를 지니고 있으면 스트레스에 쉽게 자극되어 몸에 면역기능이 떨어지면서 병이 잘 들고 기존 병도 낫지 않게 만드는 호르몬이 분비된다.

자신이나 주변을 가만히 살펴보라. 가정에 걱정거리가 있거나, 직장 생활에 갈등이 있어 재미가 없을 때 이런 문제가 불거져 나온다. 이런 경우는 심리상담을 하거나 주변 사람에게 도움을 받아 될 수 있는 한 빨리 문제를 정리하여 마음의 평정을 찾아야 한다.

같은 근골격계 문제라도 환자에 따라 치료 기간이 다른데, 그 이유는 환자의 사고 방식에 차이가 있기 때문이다. 긍정적인 사고를 많이 하는 사람은 꾸준히 노력하는 반면에, 부정적인 사고를 하는 사람은 노력은 하지 않으면서 불만과 비판만 늘어놓는다.

건강을 유지한다는 것, 특히 근골격계 문제 예방을 위해서 꼭 필요한 것은 긍정적인 사고를 가져 마음을 평화롭게 하여 신경을 안정시키고, 유산소 운동을 지속적으로 하여 혈액순환을 원활하게 하고 근력을 유지하는 것이다. 근골격계 질환은 반복적인 작업으로 몸에 무리가 가서 근육이나 신경이 예민해져 문제가 발생한 것이므로 마음을 편하게 하고 혈액순환을 잘 시키면 예방할 수 있다. 이를 위해 하루 일과를 시작할 때 충분히 준비운동을 하고, 하루 일과가 끝날 때에는 힘들더라도 정리운동을 하는 것이 좋다.

근골격계 문제를 예방하기 위해 다음 방법을 꾸준히 실천해 보자.

1. 아침에 30~50분 동안 걸어서 근육과 신경을 안정시키고 관절과 관절 사이를 유연하게 하며 몸과 마음이 좋은 상태에서 일을 할 수 있도록 하자.
2. 저녁에 30~50분 정도 걸어서 지치고 긴장된 몸과 마음을 풀어주자.
3. 아침저녁으로 15분씩 시간을 내어서 눈을 감고 복식호흡(명상)을 하자.
4. 자기가 좋아하는 한 가지 방법을 택하여 정성 들여서 매일 해 보자.

2

사무 기술직 종사자의 근골격계 문제 예방

설계직 근로자나 프로그래머들은 컴퓨터 모니터를 장시간 보고 있기 때문에 시신경이 빨리 노화되어 후에 시각 장애를 일으키기 쉽다. 또한 불안정한 자세로 장시간 설계 작업을 하거나 프로그램을 짜기 때문에 목, 어깨, 허리, 손목 등에 통증 문제가 많이 생긴다. 이는 근골격계에 혈액순환이 제대로 되지 않아 생기는 것인데, 특히 스트레스를 받아 심리적으로 불안정한 사람들은 긴장 때문에 그 문제가 더욱 심각해진다.

20대나 30대 초반에는 몸에 탄력이 있어 관리를 하지 않더라도 문제가 크게 나타나지 않을 수 있지만 나이가 들어 몸의 탄력이 떨어지면 오래전부터 있어 왔던 문제가 바깥으로 드러나면서 통증 문제가 발생한다. 운동을 하지 못해 생기는 이런 질병은 서서히 나타나는 대신 발병하는 순간 문제가 심각해지는데, 이미 발병하고 난 후에는 고치기도 어렵고 회복하는 데도 많은 시간이 걸린다.

특히 사무 기술직 직원의 경우, 근골격계 통증 문제를 가지더라도 현장 생산직 사원에 비해 산재 처리에서 많은 제약을 받는다. 이렇게 산재 혜택마저 받지 못할 경우 본인의 신체적, 심리적 고통은 물론 경제적 고통도 매우 커지므로 질병이 생기기 전에 철저하게 자기 관리를 하여 근골격계 만성 통증 문제를 예방해야 한다.

그러나 현대인은 일에 쫓겨 이러한 내용을 잘 알고 있더라도 자기 관리를 하는 것이 쉽지 않다. 시간이 없다는 이유로 운동을 멀리하다 보면 결국 신체 활력이 저하되어 일의 능률도 떨어지고 몸에도 문제가 생기게 되는데, 그럴 경우 회사에서는 그 직원에 대해 자기 몸을 돌보지 못할 정도로 열심히 일했다기보다는 자기 관리를 제대로 하지 않았기 때문에 오히려 일의 효율성을 떨어뜨렸다고 평가한다. 본인이 예방을 위해 적극적으로 대처하지 않으면 이러한 문제는 더욱 악화되어 자신을 힘들게 만들므로 간단한 운동부터 꾸준히 하는 습관을 길러 자신의 건강을 지키는 것이 무엇보다도 중요하다.

근골격계 통증 예방을 위해 우선 하루에 오전, 오후로 나누어 최소 2회는 스트레칭을 하여 뭉친 근육을 풀어 주어야 한다. 아침저녁으로 30~50분 정도를 걸어 출퇴근을 하는 것도 스트레칭과 같은 효과를 얻을 수 있으므로 운동할 시간이 없는 사람이라면 출퇴근 시 걷는 방법을 활용해 보는 것도 좋다. 이것을 실천할 수 있다면 오전 근무 시작 전과 오전 10시, 오후 근무 시작 전과 오후 3시로 나누어 하루에 4회 정도 스트레칭이나 복식호흡을 하도록 한다. 그리고 일주일에 최소 2회, 30분 이상 땀을 흘리는 유산소 운동을 같이 하다 보면 건강이 눈에 띄게 좋아진다.

유산소 운동을 통해 혈액순환이 좋아지면 질병에 대한 면역력이 높아짐은 물론 신경이 안정되어 사고가 활성화되기 때문에 창의력이 필요한 업무에서도 좋은 성과를 얻을 수 있다. 그리고 엔도르핀이 분비되어 기분이 좋아지고 질병이 예방된다. 사고 또한 긍정적으로 바뀌어 회사 생활은 물론 가정생활까지 즐거워질 수 있다.

건강할 때 질병을 예방하는 것이 최선임을 명심하고 이러한 생활습관을 꾸준히 유지한다면 신체적, 정신적으로 더욱 건강한 삶을 살 수 있을 것이다.

3

일하는 방법에 요령을 가지기

근골격계 만성 통증으로 고통받았던 사람이 똑같은 실수를 저지르지 않으려면 다음의 내용을 잘 기억해야 한다.

먼저, 과로를 피해야 한다. 무리하게 일을 많이 하다 보면 당연히 아플 가능성이 높으므로 무리하지 않도록 노력해야 한다. 만약 무리했을 경우에는 빨리 풀어야 하는데, 이때는 술 등이 아닌 휴식을 취하거나 운동을 해야 한다.

환경이나 여건이 과로를 할 수밖에 없는 상황이라면 그 과로를 견딜 수 있을 만큼 평상시에 훈련과 운동을 하여 단련시켜야 한다.

많은 근골격계 환자가 일을 하는 데에서 요령이 부족하다. 근골격계 문제가 애당초 발생하지 않으려면 힘들다고 느낄 때 빨리 중단하고 휴식을 취해야 한다. 그런데 환자는 하던 일을 마무리해 놓고 쉬어야겠다는 생각을 하면서 좋지 않은 자세로 지속적으로 일을 한다. 일이 조금밖에 남지 않았다고 계속할 것이 아니라 자세를 자주 바꾸거나 잠깐씩 쉬는 것이 꼭 필요하다. 특히, 자세가 좋지 않을 때는 일하는 시간을 줄이고 쉬는 시간을 늘리면서 자세를 자주 바꾸어 주어야 한다. 예를 들면, 허리를 틀어서 용접을 하거나 쪼그려 앉아서 용접을 할 때는 허리나 무릎에 무리가 많이 가니 자주 쉬라는 것이다. 회사에서는 이런 것까지 배려해 주지 않으므로 본인이 알아서 자신의 몸을 챙겨야 한다.

월급을 받으려면 일은 반드시 해야 하는데, 중요한 것은 일할 때 어떤 마음 상태로 하느냐에 따라 그 결과가 달라진다는 것이다. '기분이 좋은 상태로 일을 하느냐, 나쁜 상태로 일을 하느냐'에 따라 몸속에서 일어나는 변화 차이는 매우 크다. '이놈의 일은 해도 해도 끝이 없고 지겹다, 당장 때려 치워야겠다'는 생각을 가지고 일을 하는 것과 '며칠만 더 참고 일하면 즐거운 휴가이고, 그때 가족과 함께 여행 가야지!' 또는 '지금의 내 직장이 나의 가족을 행복하게 해 주는 보금자리이고, 만약 이 직장이 없으면 어떻게 살아갈까'라는 생각을 가지고 일을 하는 것을 비교해 보면 몸속에서 분비되는 물질이 다르고 혈액의 성분도 달라진다. 즐겁고 재미있고 보람을 느끼는 기분과 생각으로 일을 하면 피로도도 덜할 뿐만 아니라 문제 발생의 소지도 줄어든다. 이런 것을 볼 때 어차피 해야 할 일이라면 기분 좋고 즐거운 마음으로 하는 것이 현명할 것이다.

4

긍정적인 마음으로 하루를 시작하기

아침에 일어나서 기도나 묵상과 같은 의식 행위를 하면 기분이 좋아지고, 이러한 기분은 하루 종일 일상에 영향을 미친다. 이처럼 하루의 기분을 좋게 하기 위한 자기 조절 행위를 아침에 할 경우 신체 통증이 줄어들 뿐만 아니라 마음이 안정된다. 따라서 근골격계 통증이 심한 환자는 아침에 자기 조절 행위를 꾸준히 하면 큰 효과를 얻을 수 있다.

이때 자기 조절 행위는 꼭 종교적 의식이나 명상이 아니더라도 아침에 기분을 좋게 하기 위한 자기 나름대로의 의식 행위이면 된다.

예컨대, 시원한 생수 한잔을 기분 좋게 마시면서 이 한잔의 물이 내 하루 생활의 활력소가 된다는 생각으로 하루 일과를 긍정적으로 이끌어 가면 된다. 또 샤워나 반신욕, 스트레칭을 하거나 복식호흡(명상)을 약 10분 넘게 하여 기분을 좋게 만들 수도 있고 아침에 약 30분 이상을 걸어서 출근하는 방법도 있다. 이렇게 자기 관리를 철저하게 하는 사람은 하루 일과를 시작하기 전 아침에 한 가지 행위를 하면서 기분을 조절하여 매일매일을 행복하고 건강하게 지낼 수 있다.

긍정적인 사고를 하여 아침에 기분이 좋으면 수축되었던 근육이 풀어지면서 일을 할 때나 예상치 못했던 사건을 경험할 때 부상을 방

지하고 다치더라도 그 부상 정도를 경미하게 할 수 있다. 예를 들어, 돌이나 물건을 잘못 밟아 발목이 접질리는 경우가 발생하더라도 심하게 다치는 것을 방지할 수 있다. 또 중량물을 이동하는 작업을 한다고 할 때, 기분이 좋은 상태와 좋지 않은 상태에서 근육에 가해지는 부담 정도는 그 차이가 크다. 기분이 좋지 않은 상태에서는 기분이 좋은 상태에서보다 근육의 뭉침이 더 많이 되고 피로도도 한층 더 심해 부상의 위험이 높아진다.

근골격계 문제가 있거나 문제의 위험에 노출되어 있는 사람은 아침에 긍정적인 생각을 하면서 자신에게 맞는 간단한 의식을 규칙적으로 하며 기분 좋게 하루를 시작해 보자.

스트레스 해소 방법 팁 ⑨

돈 걱정 안 할 정도로 술을 마셔 보라.

스트레스를 받았을 경우 돈 걱정을 하지 않아도 되는 범위 내에서 녹초가 되게 술을 마셔 보는 것도 때로는 도움이 된다. 단, 횟수가 잦으면 감당할 수 없을 정도의 술값으로 더 큰 스트레스를 겪거나 술에 취해 다른 문제를 일으킬 수 있으니 한두 번으로 끝내야 한다.

술은 스트레스로 예민해진 신경을 완전히 이완시켜 긴장감을 풀어 주므로 그동안 맺혀 있던 고민을 털어 버리게 해 주기도 한다. 술에는 여러 가지 단점도 많지만 이러한 긴장 이완 효과로 문제에 새롭게 접근할 수 있는 계기를 마련하거나 문제점을 파악하여 해결책을 찾도록 도와줄 수 있으므로 적절하게 활용해 보는 것도 좋다.

산재 환자 담당 보건 관리자는
산재 환자를 이해해야 적절하게 대처할 수있다.

11장

산재 환자 담당 보건 관리자의 역할과 태도

1

정상적인 사회생활 돕기

근골격계 만성 통증 치료의 정석은 정상적인 사회생활을 하면서 의학적 치료와 심리적 안정을 취하는 것이다.

산재 환자는 병원에서 기본적인 치료를 끝마친 후 통원치료를 할 때 회사에서 운영하는 건강(운동)센터나 치료기관에서 치료를 받는 것이 정상적인 사회생활에 최대한 다가간 상태에서 치료하는 것이다.

많은 환자들이 사내 건강(운동)센터 또는 회사 가까이에서 치료하면 처음에는 동료에게 눈치가 보이고 빨리 복직해야 한다는 부담이 생겨 불편한데, 하다 보면 점차 집에서 특별히 할 일 없이 시간을 보내는 것보다 여러 동료 환자들과 지내는 것이 마음이 편안해져 통증도 덜 느끼게 된다고 한다.

나는 산재 환자를 만날 때 어느 정도 충분히 관계가 형성되면 회사에서 운영하는 운동센터에서 치료하도록 권한다. 사내 건강(운동)센터에서 치료를 받기까지 많은 고민을 하겠지만 우선 오기만 하면 그때부터 고민은 끝나고 행복이 시작된다. 가장 합리적인 치료를 받게 되는 것이다.

일단 집에서는 관심거리가 오로지 자기 몸밖에 없으므로 집에서 통원치료를 할 경우 불합리하게 자기 몸에 신경을 많이 쓰게 되고, 사소한 일에 관여를 많이 하게 된다. 이 과정에서 부인이나 자녀와 갈등을 자주 겪게 된다. 그러면서 심리적 고통을 겪고 자기 몸에서 일어나는 사소한 변화에도 아주 민감해진다. 날씨가 흐리거나 기온이 내려가 춥거나 스트레스를 받으면 자연히 몸 내부에서는 변화가 일어나 통증의 원인이 발생한다. 사회생활을 하면 이를 잘 느끼지 않은 채 지나갈 수 있지만 집에서는 생활이 단조로워 이를 과민하게 느끼게 되므로 집에만 있으면 통증에서 벗어나기 어렵다.

이렇게 통증에서 벗어날 수 있는 최선의 방법은 회사에서 운영하는 건강(운동)센터에 등록하여 정상적인 사회생활을 가까이 하면서 치료하는 것이다. 의사와 물리치료사와 함께 자기 신체 상태에 대해서 자세하게 상담을 할 수도 있고, 신체 상태에 따라 조절해서 재활치료를 할 수도 있다.

2

만성 통증은 완치가 아닌 관리하여 줄이는 것

환자는 통증을 완치하려고 애써 노력하지만 통증은 완전히 없어지지 않는다. 그러면 환자는 곧 실망하고 무기력감에 빠지면서 다른 비효율적이고 비용이 많이 들어가는 불합리한 방법을 이것저것 생각해 낸다.

보건 관리자는 자신이 만나는 환자에게 통증의 본질에 대해 확실하게 알려 주어야 한다. '만성 통증 치료는 결국 자기가 지니고 있는 통증을 인정하고 차츰 줄여 나가려고 노력하다 보면 느끼지 못하게 되는 것이지 절대 완치되는 것이 아니다.' 이러한 사실을 알고 노력하는 사람은 통증에서 어느 정도 벗어날 수 있지만 이를 받아들이지 못하면 계속해서 고통 속에서 살게 된다. 같은 수술을 하고도 통증을 많이 느끼지 못하는 사람은 통증의 본질을 인정하고 이에 적극적으로 대처함으로써 통증을 이겨 나간 것이니 보건 관리자는 이를 환자에게 주지시켜 환자가 시행착오를 겪지 않도록 도와주어야 한다.

3

산재 환자의 심리 파악하기

만약에 당신이 어딘가를 다쳐서 한 달 가까이 입원하여 부서원과 떨어져 혼자서 생활한다고 가정해 보자. 당신에게 어떤 심리적 변화가 일어날까?

먼저, 좋았던 일은 거의 생각나지 않는다. 대신에 과거에 있었던 좋지 않았던 일이 머릿속에 떠오르기 시작한다. 그 내용 중에서 특히 다른 사람과의 관계 속에서 벌어졌던 좋지 않았던 일이 떠오르면서 관계가 좋지 않았던 사람이 앞으로 자기에게 어떻게 할 것인지에 신경을 곤두세우게 된다.

환자는 장기간 치료를 받으면서 대인관계 측면에서 아주 예민해지고 사고의 폭이 좁아지면서 자기중심적이 된다. 혹시 조직에서 이탈되지 않을까 하는 생각으로 쉽게 불안해하며 과잉 반응을 보이기도 한다. 그러면서 자기 혼자나 한두 명이서만 어울리게 되고 결정도 혼자 하지 못하여 다른 사람 말에 쉽게 귀 기울이게 된다. 주로 부정적인 문제, 회사와 관련하여 좋지 않은 내용에 신경을 곤두세우면서 몸은 떨어져 있어도 항시 자기와 관련된 내용에 대한 정보를 얻으려 한다.

환자의 심리가 이렇게 예민하고 불안정하므로 옆에서 부정적으로 계속해서 자극하다 보면 결국 폭발하게 된다. 그러한 감정 폭발은 힘없는 가족에게 불똥이 튀거나 다른 병으로 나타나는 경우가 많으므로 그들의 걱정을 안심시켜 주고 그들의 심리를 공감해 줌으로써 세심하게 주의를 기울여 다가가야 한다.

4

환자를 혼자 내버려 두지 않기

환자와는 전화 또는 방문을 통해 긍정적인 관계를 유지해야 한다. 환자 혼자 내버려 두면 비이성적이고 비합리적인 여러 가지 생각을 하다 결국 부정적인 자기 세계에 빠질 수 있으므로 가능하면 함께 참여하도록 유도해야 한다.

부서나 회사의 이벤트성 모임이 있을 때마다 참여를 시키든, 회식에 참석시키든, 한 달에 한 번씩 규칙적으로 찾아오게 하든 어떤 형태로든지 접촉을 가지는 것이 좋은데, 이때 진심으로 대하지 않고 형식적으로 대하게 되면 결국 환자의 불신을 일으켜 도움이 되지 않으니 주의해야 한다.

심한 경우 비이성적인 행동을 하는 환자도 종종 있는데, 이때는 그들이 환자라는 것을 염두해 두고 적절하게 대처해야 한다. 정상인의 기준에서 모든 것을 판단하려 한다면 환자의 감정만 더 상하게 할 수 있다.

5

불안해하는 근골격계 산재 환자에게 도움을 주는 방법

근골격계 만성 통증 환자는 기본적으로 불안감을 지니고 있다. 불안 관련 내용은 크게 통증에 대한 불안과 인간관계 불안으로 나누어 볼 수 있다. 다음에서 산재 환자가 겪는 이러한 불안을 어떻게 도울 수 있는지 살펴본다.

통증에 대한 불안

첫째, 치료과정에 있는 환자에게 어떻게 도움을 줄 것인가?

이때 무엇보다도 중요한 것은 불안이 앞서고 심리적으로 불안정하기 때문에 적극적이고 효과적인 치료, 특히 운동치료를 알차게 해나가기가 쉽지 않다는 것이다. 실제 대부분의 환자는 다른 사람을 의식하고 피하기 위하여 아침저녁으로 운동을 부분적으로 하고 있다. 그리고 전문가의 도움을 받지 않고 운동을 하고 있기 때문에 자신이 하는 운동 방법에 대해서 확신이 없고 자신감이 부족하며, 혼자서 또는 한두 명이 비체계적으로 실시하기 때문에 치료효과를 내기가 쉽지 않다.

또한 환자는 심리적으로 많이 위축되어 있고, 부정적인 정서 상태를 강하게 지니고 있기 때문에 운동 자체도 강도 있게 실행하기가 어렵다. 아울러 근육 자체도 많이 긴장되어 있어 운동치료에 효과가 많이 떨어지는 편이다.

이러한 두 가지 문제를 해결하기 위해서는 우선적으로 병원에서 급한 치료를 마친 후에는 가능한 한 빨리 병원생활을 줄이거나 혼자 있는 것을 삼가고 규칙적인 생활을 하는 것이 필요하다. 집단으로 활동하면 불안에서 벗어날 수 있고 심리적으로 위축되는 것을 막을 수 있다. 그리고 규칙적인 생활과 운동을 하게 하면 이차적으로 근골격이 약화되는 것을 방지할 수 있다.

둘째, 복직 단계에 있는 환자에게 어떻게 도움을 줄 것인가?

만성 통증환자는 재발에 대한 두려움을 강하게 가진다. 두려움을 가지고 있는 사람에게 두려움을 제거하는 방법 중 하나가 서서히 접근하게 하는 것이다. 복직단계 환자에게는 우선적으로 현장에 자연스럽게 다가오게 하는 것이 중요하다. 그리고 현장에서는 요양하면서 가졌던 부정적인 기대감과 다르게 약간이라도 긍정적인 경험을 하게 하면서 자신감을 가지게 하는 것이다. 또한 일이나 인간관계에 대해 가졌던 부담을 점차 줄여 가도록 하는 것이다.

무엇보다도 중요한 것은 복직한 첫날부터 심리적인 불안감이나 긴장을 유발시키는 상황을 경험하지 않도록 하는 것이다. 불안이 심한 환자는 비록 복직은 했지만 처음에는 많은 에너지를 자기 통증과 관련하여 쏟아붓고 있다. 이런 상태에서는 통증에 대한 공포가 줄어들지 않고 회피적인 반응을 보이면서 자기 신체 내에 무슨 변화나 신호가 있는지 집중을 한다. 통증에 대한 주의를 다른 영역으로 전환하도록 해야 한다. 그러기 위해서는 현장관리자가 우선적으로 심리적인 안정을 찾도록 하고, 지속적인 관심을 보이고 배려 하면서 신뢰감과 자신감을 지니도록 해야 한다. 환자에게 자신감을 줄 수 있는 것은 당장 닥치는 일 부담을 줄이는 것이다.

인간관계에 대한 불안

환자는 요양을 하면서 직장동료나 다른 직원을 의식하면서 자유롭게 생활해 오지 못했다. 이런 생활이 장기적으로 이루어지면서 머릿속에는 미안함, 죄책감, 분노감 또는 피해의식 등이 복합적으로 강하게 자리 잡고 있다. 이런 감정은 하루아침에 사라지지 않는다. 그런 상태에서 복직을 하면 만감이 교차하면서 현장관리자나 동료의 말 한마디, 행동 하나하나에 신경을 쓰면서 예민해진다. 보통 사람 같으면 넘어갈 수 있는 말도 환자는 쉽게 흥분할 수 있다.

관리자나 동료가 조금만 산재 환자의 입장을 이해하면 갈등이 발생하지 않을 수 있다. 동료들의 따뜻한 말 한마디, 관리자의 관심 어린 말 한마디와 손 한번 잡아 주면서 위로하는 것이 산재 환자에게 큰 위안이 되고 고마움을 줄 수 있다. 그렇지만 반대로 약간만 질책하는 말이나 비아냥거리는 말이나 가슴 아프게 하는 말은 환자로 하여금 화가 나게 하거나 심리적으로 위축되게 만들거나 회피적인 태도를 가지게 할 수 있다.

산재 환자를 관리하고 면담하다 보면 무슨 얘기를 어떻게 해야 할지 난감할 때가 있다. 얘기를 잘못 이끌어 나가다 보면 오해를 불러일으켜 사이가 껄끄러운 관계가 될 수도 있다. 이럴 경우에는 앞에서 제시한 '근골격계 만성 통증 치료 십계명'을 적절히 활용하면 도움이 될 것이다.

스트레스 해소 방법 팁 ⑩

반신욕을 할 때는 반신욕만 하라.

스트레스를 받을 때 즉각적으로 효과를 볼 수 있는 것은 따뜻한 물속에 몸을 푹 담그는 것이다. 그렇지만 몸을 오랫동안 담그고 있으면 심장을 비롯하여 신체 기관과 조직에 부담이 가면서 후유증이 따를 수 있기 때문에 반신욕을 하는 것이 좋다. 반신욕을 하면 20~30분 동안은 큰 무리없이 몸을 담글 수 있다. 반신욕을 하면서 더 좋은 효과를 보려면 될 수 있으면 깊은 생각을 하지 않아야 한다. 그냥 반신욕만 하는 것이다.

반신욕을 한 번 하면 스트레스를 완화시킬 수 있는 즉각적인 효과를 볼 수 있고, 몇 번에 걸쳐 하거나 또는 꾸준히 실시한다면 눈에 띄는 효과를 볼 수 있다. 아울러 건강도 유지할 수 있다.

부록

1. 복식호흡법의 기본 원리
2. 반신욕 방법
3. 마음챙김 명상

〈1〉 복식 호흡법의 기본 원리(전겸구, 2000)

1 복식호흡(복부, 배)	2 비강호흡(코)	3 규칙적 호흡
4 서행호흡	5 주의집중	6 자기 상태에 맞게

복식호흡을 자연스럽게 느껴 볼 수 있는 구체적 방법은 다음과 같다.

연습 1

1. 의자에 앉아 머리 뒤로 양손을 깍지 끼고 놓는다.
2. 팔꿈치를 양옆으로 벌린다. 이것은 당신의 가슴을 고정시켜 주고 당신은 복부의 움직임을 느끼게 해 준다.
3. 천천히 정상적으로 호흡한다.
4. 자연적으로 호흡을 하면 숨을 들이마실 때 아랫배가 볼록해지고, 숨을 내쉬면 배가 푹 꺼지는 느낌이 드는데, 이것이 복식호흡이다.
5. 팔은 내리고 천천히 숨을 들이마시고 내쉬는 것에 집중을 한다.

연습 2

1. 편안한 곳을 찾아 등을 바닥에 대고 반듯하게 눕는다.
2. 손바닥이 하늘로 향하게 하여 바닥에 두고 팔다리를 자연스럽게 약간 벌린다(송장 자세).

3. 눈을 감고 복부 안쪽에 풍선이 있다고 상상한다.
4. 코로 천천히 숨을 들이마실 때 그 풍선이 공기로 채워지는 것을 상상한다.
5. 숨을 내쉴 때 그 풍선의 공기가 빠지는 것을 상상한다.
6. 정상적으로 천천히 길게 호흡을 하면 복식호흡이 된다.
7. 숨을 들이마시고 내쉬는 것에 집중하면 놀랄 정도로 이완된다.
8. 이런 상태로 호흡을 하면 쉽게 이완되면서 스트레스는 풀리고 잠이 들게 된다.
9. 효과를 지속적으로 나타나게 하려면 잠들지 않도록 한다.

연습 3

의자에 앉아서 허리는 반듯하게 펴고 머리는 곧게 한 후 턱은 약간 당긴다.

1. 손의 위치: 오른손은 배꼽 위에 두고, 왼손은 가슴에 둔다.
2. 평소처럼 호흡을 실시하고, 호흡을 들이마실 때와 내쉴 때 어느 손이 오르내리는가를 관찰한다.
3. 호흡을 들이마시고 내쉴 때, 당신의 왼손은 고정된 상태에서 당신의 오른손이 오르내리도록 한다.
4. 몇 번 실시하다가 허리는 펴고, 손은 무릎 위에 놓고 몸에 힘을 뺀 채로 5분 정도만 실시한다. 이때 머리가 맑아지는 것을 느낄 수 있다.

※연습 1, 2, 3에서 주의할 점

1. 숨을 들이마시고 내쉬는 것에 반드시 집중한다.
2. 처음에는 누구나 집중이 잘되지 않으니 중도에 포기하지 않도록 한다.
3. 다른 생각이 나더라도 계속해서 자연스럽게 숨 쉬는 것에 집중한다.
4. 숨을 들이마실 때 긴장이 다소 증가하고, 숨을 내쉴 때 긴장이 배출된다고 느껴야 한다. 매번 숨을 내쉴 때마다 긴장이 몸에서 빠져나가는 것처럼 느끼도록 한다.

〈2〉 반신욕 방법

1 물은 뜨겁지 않은 상태로 유지한다. 적당한 온도는 섭씨 38~40도이다.

2 탕에 물은 배꼽까지만 오게 한다. 그보다 높을 때는 바가지를 깔고 앉는다. 심장 높이까지 하면 심장에 부담이 가므로 주의한다.

3 손은 물에 담그지 않는 것이 좋다. 팔짱을 자연스럽게 끼거나 손을 물 밖으로 나오게 한다.

4 허리는 곧게 세운다.

5 눈을 감고 일부러 생각을 많이 하지 않는다. 생각이 나는 것은 당연하지만 그때 그 생각에 집착하지 않고 자연스럽게 흘러가게 하거나 숨 쉬는 것에 집중을 한다.

6 반신욕 중에 신문이나 책읽기 등의 행농은 삼가고 기능하면 얘기를 하지 않도록 한다.

7 시간은 20~30분 정도가 적정하다. 평소에 해 보지 않은 사람은 처음부터 길게 하는 것은 힘들 수 있으므로 점차 시간을 늘려 가는 것이 좋다.

8 마친 후에는 온탕에서 바로 냉탕으로 들어가지 않도록 한다.

9 반신욕도 일종의 자기 조절이고 수행이다. 규칙적으로 하는 것이 효과적이며 가능하면 물속에서 자기만의 시간을 가지도록 한다.

〈3〉 마음챙김 명상(장현갑, 배재홍, 정애자, 권석만, 2007)

마음챙김 명상은 현재의 지금 여기 나에게서 일어나는 경험을 판단하거나 어떤 의미를 부여하지 않고 있는 그대로 받아들이고 알아차리는 것이다. 즉, 명상은 흘러간 과거에 집착하거나 다가올 미래를 걱정하지 말고 현재 있는 그대로를 받아들이는 것이다. 이러한 현재의 나에게 더욱 집중하고 또 에너지원을 받아들이기 위해 복식호흡이 필요하다.

마음챙김 명상은 다음과 같은 방법대로 해 본다.

1 자세는 기본적으로 가부좌나 반가좌부로 하면 좋다. 그렇지만 꼭 이런 자세를 고집할 필요는 없다. 방석에 앉든 의자에 앉든 상관없이 할 수 있다. 단지 수행할 때는 허리를 벽이나 의자에

기대지 말고 목과 허리를 세우고 몸에 힘을 빼는 것이 좋다.

2 자기의 현재 몸과 마음에서 일어나는 것들을 관찰한다. 바둑에서 관찰하는 제3자가 수를 자기보다 더 잘 볼 수 있는 것처럼 자기에게서 일어나는 끊임없이 변화하는 몸과 마음의 현상을 관찰하여 생생하게 알아차리는 것이 필요하다. 단, 관찰은 하되 해석이나 판단을 하지 말아야 한다.

3 현재의 자기 경험에 대한 세밀한 관찰이 필요하다. 사람들은 생활하면서 자기보다는 주위 대상에 관심을 많이 기울이고, 자기에게 관심을 가진다고 할지라도 한 현상에 집중하기보다는 다양한 현상에 관심을 가짐으로써 주의가 산만해진다. 이런 상태에서는 자기에게 일어나는 문제의 본질에 접근하는 것이 어렵다. 통증 문제도 마찬가지다. 통증과 관련된 이미 과거에 경험한 내용이나 앞으로 닥칠 여러 가지 일을 걱정하다 보면 자기 몸에서 일어나는 통증 그 자체에 대해 세세하게 관찰하지 못한다. 관찰하지 못하고 체험만 하게 되면 심리적 불안정이 더해져 통증을 이겨 내지 못한다. 마음챙김 명상은 끊임없이 외부로 향하려는 주의를 내면으로 끌어들여 지속적으로 자신의 내면세계를 관찰하는 행위다.

4 자기 경험에 대한 세밀한 관찰은 자기 이해를 깊게 만들며 자신을 더 잘 알게 해 준다. 비판단적이고 수용하는 자세로 자기 마음을 관찰하게 되면 평상시에 포착하지 못했던 미묘한 생각, 감정, 욕구를 알아차리게 된다. 통증도 마찬가지다. 만성 통증

은 결코 신체적 손상 그 자체에서만 오는 것이 아닌, 통증과 관련된 생각, 감정, 욕구 등이 복합적으로 작용하여 발생하는 것이다. 통증과 관련된 자기 문제를 잘 알게 되면 마음이 안정되면서 통증 문제를 관찰할 수 있는 힘이 생기고, 결국에는 통증을 조절하고 이길 수 있다.

5 현재의 자기 경험에 대한 관찰은 과거의 부적응적 습관을 줄여 문제를 풀어 나갈 수 있게 해 준다. 마음챙김 명상은 자기의 생각, 감정, 행동에 주의를 기울이고 이를 지속적으로 관찰하기 때문에 통증과 관련된 부적응적인 습관을 줄이면서 통증 문제를 이기도록 도와준다.

6 마음챙김 명상은 고통과 불안을 유발하는 심리적 경험의 꾸준한 연습으로 인내력을 기르게 한다. 통증 장애자의 경우 마음챙김 명상 훈련을 통해 통증감각을 관찰하는 힘을 기르고 통증감각을 반복적으로 경험함으로써 통증에 대한 민감성을 떨어뜨릴 수 있다. 나아가 점차 통증에 대해 심한 고통을 느끼지 않고 통증을 경험해도 그것을 받아들이며 넘어갈 수 있다. 또 통증이 심하더라도 자주 경험하다 보면 통증과 관련된 정신적 고통이나 스트레스가 완화된다.

7 통증을 심하게 경험하는 환자는 과거의 경험을 지속적으로 되새기면서 미래에 대한 걱정을 많이 하는 경향이 있다. 마음챙김 명상을 하면 오직 현재의 자기에 대해 집중을 하기 때문에 과거와 미래에 대한 집착에서 벗어나 정서적으로 불안정하지

않고 심리적 안정을 찾게 된다. 이런 상태에서는 자연적으로 통증을 잘 관리할 수 있다.

8 우리의 몸이나 마음의 현상들은 끊임없이 변화하게 되어 있다. 그렇지만 사람들은 이런 현상을 잘 파악하지 못하고 특정한 부정적인 감각, 감성, 생각, 욕망에 얽매이기 쉽다. 나에게서 일어나는 이런 현상은 일시적이다. 이것을 깨닫게 되면 현재의 고통에서 벗어날 수 있다. 마음챙김 명상을 하면 이런 상태 변화를 잘 알 수 있게 되는데 통증도 마찬가지다. 통증 또한 발생하기도 하고 사라지기도 한다는 것을 깨닫는다면 그것에서 벗어날 수 있다.

9 마음챙김 명상을 하면 통증과 관련된 부정적인 정서를 있는 그대로 완전하게 경험하는 수용 능력이 증가된다. 아울러 부정적 정서 상태에서도 자신에게 중요한 일에 전념할 수 있도록 하는 능력이 길러진다.

10 마음챙김 명상을 하면 통증을 완치하려는 생각이 줄어들고 있는 그대로를 받아들이는 태도가 길러진다. 이런 상태를 오래 끌고 가면 자연히 통증은 줄어들고 나아가 조절할 수 있는 힘이 생긴다. 굳이 완치하려고 발버둥치면 칠수록 더 힘들어지고 벗어나기 어려워진다.

참고문헌

강종구(2007). 근골격계 만성통증 산재환자의 임상적, 심리사회적 특징과 인지행동치료의 효과. 부산대학교 대학원 박사학위논문.

김청송(1997). 통증심리학: 통증이란 무엇인가. 서울: 중앙적성출판사.

김청송(1999). 불안민감성이 통증에 미치는 영향. 중앙대학교 대학원 박사학위논문.

장현갑, 배재홍, 정애자, 권석만(2007). 마음챙김명상 108가지 물음. 서울: 학지사.

전겸구(2000). 호흡법. 건강심리학회 동계 학술발표대회 및 워크숍 자료집, 165-169.

최고령 완주 88세 김00翁(2005. 10. 24). 조선일보.

현명호(1996). 동통강도의 과대예측과 동통통제의 과소기대가 동통 반응에 미치는 영향. 중앙대학교 대학원 박사학위논문.

Atkinson, J. H. (1991). Prevalence, onset, and risk of psychiatric disorders in men with chronic low back pain: A controlled study. *Paini*, 45, 111-121.

Cousins, N. (1996). 불치병을 이기는 신비로운 마음과 몸의 치유력(전겸구, 김교헌 역). 서울: 학지사.

Frank, J. (1975). The faith that heals. *John Hopkins Med. J., 137*, 127-131.

International Association for the Study of Pain. (1986). Classification of chronic pain: Discription of Chronic pain syndromes and definition of pain terms. *Pain(supplement), 3*.

Jensen, T. S., & Rasmussen, P. (1994). Phantom pain and other phenomena after amputation. In P. D. Wall & R. Melzack (Eds.), *Textbook of Pain* (3rd ed.). Edinburgh: Churchill Livingstone.

Melzack, R. (1999). Pain and stress: A new perspective. In R. J. Gatchel & D. C. Turk (Eds.), *Psychosocial Factors in Pain: Critical Perspectives* (pp. 89-106). New York: Guilford Press.

저자 소개

강종구

진주고 졸업
부산대학교 심리학과 학사
부산대학교 대학원 석사 및 박사(임상심리학 전공)
메리놀병원/원광의료원 임상심리 수련과정 이수
임상심리전문가, 정신보건임상심리사 1급, 마음챙김명상 치유 전문가
전 메리놀병원 임상심리실장
현 대우조선해양(주) 심리상담실장, 한국임상심리학회 부산경남지회장

저/역서: 현대사회와 아동양육(공역)
관심분야: 리더십과 리더의 면담기법

근골격계 통증의 치유를 위한 재활 지침서
산업재해 환자의 이해와 치료

2009년 9월 10일 1판 1쇄 인쇄
2009년 9월 15일 1판 1쇄 발행

지은이 • 강종구
펴낸이 • 김진환
펴낸곳 • (주) 학지사
121-837 서울특별시 마포구 서교동 352-29 마인드윌드빌딩 5층
대표전화 • 02)330-5114 팩스 • 02)324-2345
등록번호 • 제313-2006-000265호

홈페이지 • http://www.hakjisa.co.kr
커뮤니티 • http://cafe.naver.com/hakjisa

ISBN 978-89-6330-166-2 03180

정가 14,000원

저자와의 협약으로 인지는 생략합니다.
파본은 구입처에서 교환해 드립니다.

이 책을 무단 전재 또는 복제 행위 시 저작권법에 따라 처벌을 받게 됩니다.

인터넷 학술논문 원문 서비스 **뉴논문** www.newnonmun.com